智能光电制造技术及应用系列教材·激光切割
湖南省楚怡数控技术高水平专业群系列教材

激光切割技术应用教程

罗　伟　陈　焱　封雨鑫　杨　文　编著

参考答案

北京交通大学出版社

·北京·

内 容 简 介

本书针对 Han's LaserNest 软件的编程流程及切割工艺的优化功能进行讲解，共分为三大部分：激光切割 CAM 软件介绍、激光切割软件（Han's LaserNest）编程、激光切割软件（Han's LaserNest）实训。本书图文并茂，对 CAM 软件操作的讲解深入浅出，使读者能循序渐进地掌握 CAM 软件的操作，并让读者能进行实际的上手操作。

本书可作为全国应用型本科及中、高等职业院校相关专业的教材，也可作为激光切割设备操作人员的培训教材。

图书在版编目（CIP）数据

激光切割技术应用教程 / 罗伟等编著. —北京：北京交通大学出版社，2023.5
ISBN 978-7-5121-4978-6

Ⅰ. ① 激⋯ Ⅱ. ① 罗⋯ Ⅲ. ① 激光切割–教材 Ⅳ. ① TG485

中国国家版本馆 CIP 数据核字（2023）第 099535 号

激光切割技术应用教程
JIGUANG QIEGE JISHU YINGYONG JIAOCHENG

责任编辑：黎 丹
出版发行：北京交通大学出版社　　　　　　　电话：010-51686414　　　http://www.bjtup.com.cn
地　　址：北京市海淀区高梁桥斜街 44 号　　邮编：100044
印 刷 者：北京时代华都印刷有限公司
经　　销：全国新华书店
开　　本：185 mm×260 mm　　印张：9.25　　字数：231 千字
版 印 次：2023 年 5 月第 1 版　　2023 年 5 月第 1 次印刷
印　　数：1～2 000 册　　定价：39.80 元

本书如有质量问题，请向北京交通大学出版社质监组反映。对您的意见和批评，我们表示欢迎和感谢。
投诉电话：010-51686043，51686008；传真：010-62225406；E-mail：press@bjtu.edu.cn。

系列教材编委会

参 编 单 位

大族激光科技产业集团股份有限公司

深圳市大族智能控制科技有限公司

湖南铁道职业技术学院

湖南科技职业学院

娄底职业技术学院

总　序

激光加工技术是 20 世纪能够与原子能、半导体及计算机齐名的四项重大发明之一，激光也被称为世界上最亮的光、最准的尺、最快的刀。经过几十年的发展，激光加工技术已经走进工业生产的各个领域，广泛应用于航空航天、电子电气、汽车、机械制造、能源、冶金、生命科学等行业。如今，激光加工技术已成为先进制造领域的典型代表，正引领着新一轮工业技术革命。

在国务院印发的《中国制造 2025》中，战略性地描绘了我国制造业转型升级，即由初级、低端迈向中高端的发展规划，将智能制造领域作为转型的主攻方向，重点推进制造过程的智能化升级。激光加工技术独具优势，将在这一国家层面的战略性转型升级换代过程中扮演无可比拟的关键角色，是提升我国制造业创新能力，打造从中国制造迈向中国创造的重要支撑型技术力量。借助激光加工技术能显著缩短创新产品研发周期，降低创新产品研发成本，简化创新产品制作流程，提高产品质量与性能；能制造出传统工艺无法加工的零部件，增强工艺实现能力；能有效提高难加工材料的可加工性，拓展工程应用领域。激光加工技术是一种变革传统制造模式的绿色制造新模式和高效制造新体系。其与自动化、信息化、智能化等新兴科技的深度融合，将有望颠覆性变革传统制造业，但这也给现行专业人才培养、培训带来了全新的挑战。

作为国家首批智能试点示范单位、工信部智能制造新模式应用项目建设单位、激光行业龙头企业，大族激光智能装备集团有限公司（大族激光科技产业集团股份有限公司全资子公司）积极响应国家"大力发展职业教育，加强校企合作，促进产教融合"的号召，为培养激光行业高水平应用型技能人才，联合国内多家知名高校，共同编写了智能光电制造技术及应用系列教材（包含"增材制造""激光切割""激光焊接"三个子系列）。系列教材的编写，根据职业教育的特点，以项目教学、情景教学、模块化教学相结合的方式，分别介绍了增材制造、激光切割、激光焊接的原理、工艺、设备维护与保养等相关基础知识，并详细介绍了各应用领域的典型案例，呈现了各类别激光加工过程的全套标准化工艺流程。教学案例内容主要来源于企业实际生产过程中长期积累的技术经验及成果，相信对读者学习和掌握激光加工技术及工艺有所助益。

系列教材的指导委员会成员分别来自教育部高等学校机械类专业教学指导委员会、中国光学学会激光加工专业委员会，编写团队中既有企业一线工程师，也有来自知名高校和职业院校的教学团队。系列教材在编写过程中将新技术、新工艺、新规范、典型生产案例悉数纳入教学内容中，充分体现了理论与实践相结合的教学理念，是突出发展职业教育、加强校企合作、促进产教融合、迭代新兴信息技术与职业教育教学深度融合创新模式的有益尝试。

  智能化控制方法及系统的完善给光电制造技术赋予了智慧的灵魂。在未来十年，激光加工技术将有望迎来新一轮的高速发展，并大放异彩。期待智能光电制造技术及应用系列教材的出版能为切实增强职业教育适应性，加快构建现代职业教育体系，建设技能型社会，弘扬工匠精神，培养更多高素质技术技能人才、能工巧匠、大国工匠助力，为全面建设社会主义现代化国家提供有力人才保障和技能支撑树立一个可借鉴、可推广、可复制的好样板。

大族激光科技产业集团
股份有限公司董事长
2023 年 5 月

前　言

2006 年，激光行业被列为国家长期重点支持发展产业。伴随激光技术的发展及应用拓展，国家陆续出台政策给予持续支持。2011 年，激光加工技术及设备被列为当前应优先发展的 21 项先进制造高技术产业化重点领域之一；2014 年，激光相关设备技术再次被列入国家高技术研究发展计划；2016 年，国务院印发的《"十三五"国家科技创新规划》《"十三五"国家战略性新兴产业发展规划》等均涉及激光技术的提高与发展；2020 年，科技部、国家发改委等五部门发布《加强"从 0 到 1"基础研究工作方案》，将激光制造列入重大领域，要求推动关键核心技术突破，并提出加强基础研究人才培养。

在美、日、德等国家，激光技术在制造业的应用占比均超过 40%，该占比在我国是 30% 左右。在工业生产中，激光切割占激光加工的比例在 70% 以上，是激光加工行业中最重要的一项应用技术。激光切割是利用光学系统聚焦的高功率密度激光束照射在被加工工件上，使局部材料迅速熔化或汽化，同时借助与光束同轴的高速气流将熔融物质吹除，配合激光束与被加工材料的相对运动来实现对工件进行切割的技术。激光切割工艺可将批量化加工的稳定高效与定制化加工的个性服务完美融合，彻底摆脱了成型模具的成本束缚，有效替代了传统冲切加工方法，可在大幅缩短生产周期、降低制造成本的同时，确保加工稳定性，兼顾不同批量的多样化生产需求。结合上述优势，激光切割技术应用推广迅速，已成为智能光电制造技术及应用至关重要的发展动力。

新修订的《中华人民共和国职业教育法》于 2022 年 5 月 1 日起施行，这是该法自 1996 年颁布施行以来的首次大修。此次修订，充分体现了国家对职业教育的重视，再次明确了"鼓励企业举办高质量职业教育"的指导思想。在教育部新工科研究与实践项目、财政部文化产业发展专项资金资助项目的支持下，湖南铁道职业技术学院与大族激光科技产业集团股份有限公司积极响应国家大力发展职业教育的政策指引，结合激光行业发展，牵头策划、组织编写了这本教材。本教材具有以下特点：

（1）在设置理论知识讲解的同时，对设备或软件按照实际操作流程进行讲解，既做到常用特色重点介绍，也做到流程步骤全面覆盖。

（2）在对激光切割全流程操作步骤、方法等进行讲解的基础上，注重读者对激光切割工艺认知的培养，使读者知其然也知其所以然。

（3）采用"部分—项目—任务"编写格式，加入实操配图进行讲解，不仅使相关内容直观易懂，还可以强化课堂效果，培养学生兴趣，提升授课质量。

软件编程是激光切割的核心内容，即激光切割前必须在 CAM 软件中完成对零件工艺的编程，否则切割设备无法按照图纸的设计对工件进行加工。本书针对 Han's LaserNest 软件的编程流程及切割工艺的优化功能进行讲解，共分为三大部分：激光切割 CAM 软件介绍、激光切割软件（Han's LaserNest）编程、激光切割软件（Han's LaserNest）实训。本教材内容结构安排是：第一部分介绍国内外几款常用的激光切割 CAM 软件，并讲解相关的激光切割基础知识；第二部分以 Han's LaserNest 软件为基础展开教学，首先介绍软件的安装环境要求及安装、卸载方法，然后结合激光切割的工艺编程流程，对 Han's LaserNest 软件的功能按照 CAD 零件图编辑、加工路径处理、加工路径优化、拓展功能这 4 个方面来进行由总到分、由易到难的介绍，从软件功能操作的掌握深入到根据工艺要求的灵活调整，培养全方位的切割工艺编程人才。第三部分通过真实的激光加工实例分析，引导学生按照任务分析、任务目标和任务实施的解读逻辑，针对不同实际工况进行灵活的工艺编程，实现更优的工艺加工流程。

在激光切割行业快速发展的背景下，软件操作技术等相关软实力只有做到齐头并进，才能为中国制造业的发展做出贡献。本教材对软件操作讲解具体详尽，初学者可以按照书中步骤进行案例操作。书中的理论部分可使学习者在掌握技术的同时，对激光切割工艺有一定的认识。希望本书可以成为初学者的入门书籍，成为技术人才继续攀登的一块基石。

本书中所采用的图片、模型等素材，均为所属公司、网站或者个人所有，本书仅做说明之用，绝无主观侵权之意，特此声明。

由于作者水平有限，书中难免存在不妥及不完善之处，恳请广大读者予以指正。

编 者

2023 年 5 月

目　　录

第三部分　激光切割软件（Han's LaserNest）实训

激光切割 CAM 软件介绍

项目 1

激光切割 CAM 软件

项 目描述

激光切割 CAM（computer aided manufacturing，计算机辅助制造）软件也叫作"套料软件"，是将工件从图纸编译成机床可以识别的 NC（numerical control，数字控制）程序的一种应用软件。国内外的很多种软件都可用做激光切割机的套料软件，比如 Han's LaserNest、cncKad、Lantek、CypNest 等。

一般激光切割 CAM 软件可分为文件模块、绘图模块、工艺模块、套料模块、NC 输出模块等部分。

激光切割 CAM 软件的大致编程流程是：

① 用 CAD 等工业绘图软件绘制需要切割的零件图；

② 将零件图保存为激光切割 CAM 软件能读取和编辑的格式，如 DWG、DXF 等文件格式；

③ 利用激光切割 CAM 软件对导入的零件图进行处理；

④ 对处理过的零件图进行套料；

⑤ 将套料生成的排样结果输出为机床可识别的 NC 代码；

⑥ 将生成的 NC 代码发送至机床准备生产。

本项目对激光切割基础知识及各款 CAM 软件进行介绍，让学生对激光切割工艺及激光切割软件有一个整体的认识。

任务 1.1　激光切割基础知识

激光切割是一种成熟的工业加工技术，具有高度的灵活性，可直接从原料板材中切割出成品零件。激光切割的工作原理是：利用由聚焦镜聚焦的高功率、高能量密度的激光束照射板材表面，极高温度将板材熔化与汽化，再由与光束同轴的辅助气体将熔化的材料吹除，并按照规划好的路径移动（此时就形成了割缝），从而达到对工件进行切割的目的。

激光切割可分为激光汽化切割、激光熔化切割、激光氧助熔化切割和控制断裂切割 4 种切割方式。激光切割与其他切割方式相比，其特点是切割速度快、质量高。如图 1.1 所示，激光切割是一个非常精确的过程，具有出色的尺寸稳定性、非常小的热影响区和狭窄的切缝；激光切割切口细窄、切缝两边截面平行且与表面垂直度好；切割表面光洁美观，甚至可以作为最后一道加工工序，无需机械加工，零件可直接使用。材料经过激光切割后，热影响区宽度很小，切缝附近材料的性能也几乎不受影响，并且工件变形小，切割精度高。激光切割的切割速度快，且采用非接触式切割，切割时喷嘴与工件无接触，不存在工具磨损。

图 1.1　激光切割

在机械加工行业中，数控加工编程技术的应用影响着数控加工的效率和质量，对信息时代的机械制造技术的水平具有十分重要的影响。激光切割 CAM 软件作为激光切割的重要组成部分，其编程技术水平直接影响着机械零件和产品的加工精度及加工效率。将激光切割 CAM 软件编程技术应用于激光切割行业中，能够通过相应的计算和分析，不断改善机械零件的加工工艺，减小工件的加工误差，提高机械加工精度，生产出更高质量的机械加工产品。同时，针对一些复杂的工件，激光切割 CAM 软件能自动编程，导出 NC 程序，省去了繁杂的手动编程，既满足了精度，又提升了效率。

国务院于 2015 年 5 月印发的《中国制造 2025》，以信息技术与制造技术深度融合的数字化、网络化、智能化制造为主线，为中国制造业 2015—2025 年这 10 年设计了顶层规划和路线图。中国制造业转型需要跨界与跨平台思维，从机器人国产化到智慧工厂，再到工业 4.0 制造与服务，中国工业 4.0 可拓展的空间还很大。在发展工业 4.0 中工业软件技术正发挥着极其重要的作用，计算机辅助设计（CAD）、计算机辅助制造（CAM）、计算机辅助分析（CAE）、计算机辅助工艺（CAPP）及产品数据管理（PDM）等实现了生产和管理过程的智能化、网络化。

任务 1.2 国内外 CAM 编程软件

1. Han's LaserNest

Han's LaserNest 软件是深圳市大族智能控制科技有限公司自主研发的一款针对激光切割行业的专业激光切割套料软件。深圳市大族智能控制科技有限公司隶属于大族激光科技产业集团股份有限公司，长期致力于控制技术和控制系统的研究，立足于智能制造领域，为设备制造商提供以数控系统为核心的智能控制解决方案，主要产品包括数控系统、工业软件、视觉系统、调高系统、功能硬件等，已广泛应用于激光加工、铝合金加工、木工加工等领域。

Han's LaserNest 软件支持 DXF、DWG、G 代码等类型文件导入，并提供图形修正功能；支持零件库、板材库、已排样库数据管理，并提供可视化交互，简单直观；支持高效的自动排样及手动排样功能，并提供不封闭图形排样解决方案；支持完善的激光切割工艺，提供为不同图层添加不同工艺的解决方案；支持多种切割刀路的选择方案，并提供区域加工、防碰撞处理，操作简单，刀路合理；支持 G 代码模拟和 G 代码查看，通过 G 代码程序段可准确定位到图形轮廓；可输出多种机器型号的 G 代码；可输出详细的排样报告单和生产报告单，并提供多种导出格式。

图 1.2 Han's LaserNest 软件图标

Han's LaserNest 软件图标如图 1.2 所示。

Han's LaserNest 软件的相关界面如图 1.3 和图 1.4 所示。

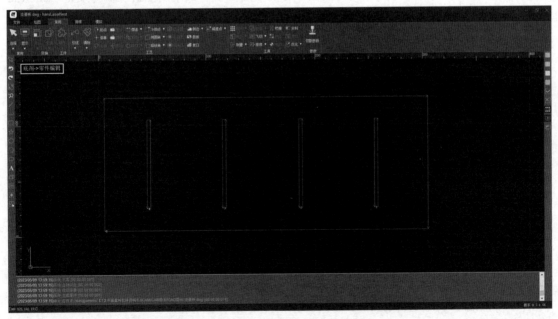

图 1.3 Han's LaserNest 零件图编辑界面

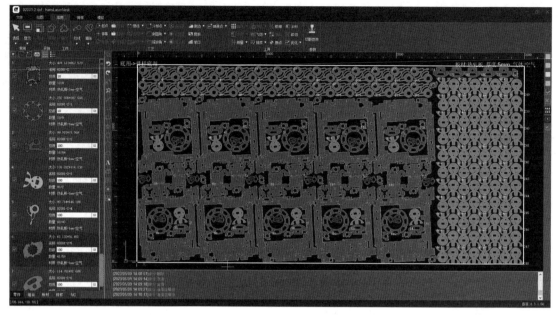

图 1.4 Han's LaserNest 套裁界面

2. cncKad

cncKad 是以色列 Metalix 公司为钣金制造提供的一套完整的 CAD/CAM 操作软件，上海海迈机电设备有限公司是以色列 Metalix 公司在中国独家授权的销售及服务中心。

cncKad 是一套完整的从设计到生产的一体化钣金 CAD/CAM 自动编程软件，支持全球所有型号的 CNC 转塔冲床、激光切割机、等离子切割机和火焰切割机等机床设备。cncKad 在同一模块中集成了 CAD/CAM 功能，它将几何图形、外形尺寸和冲压/切割技术进行了完美整合。cncKad 软件有 cncKad 和 AutoNest 两种工作模式，其图标如图 1.5 所示。

图 1.5 cncKad 软件图标

Metalix 公司的自动套裁软件 AutoNest 能提供最佳材料利用率。AutoNest 是一款能通过多种方法达到最佳自动/手动套料的强大软件，几分钟内就能为目标零件生成一个复合有效的、能顾及零件属性和参数设置的解决方案。零件图纸可以通过 cncKad 绘制，也可以通过 DXF/DWG 等类型文件导入。

cncKad 软件的相关界面如图 1.6 和图 1.7 所示。

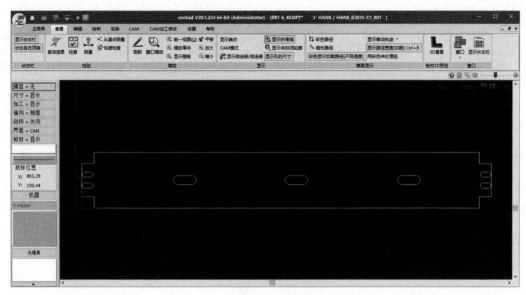

图 1.6　cncKad 零件编辑模式界面

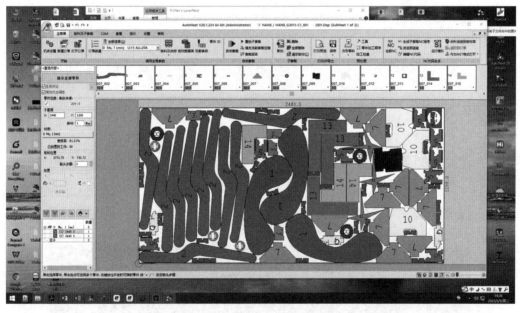

图 1.7　AutoNest 套料模式界面

3. Lantek

　　西班牙 Lantek 公司成立于 1986 年，是钣金加工行业编程套料和智能制造软件供应商，为钣金加工企业或下料车间提供车间信息化管理、数字化转型、智能制造软件产品和应用服务，帮助客户全方位管理钣金加工业务，包括报价、订单管理、加工流程管控、库存管理、机床监控、生产制造流程分析、成本分析、报价分析、客户分析等。其产品线包括 CAD、CAM、MES、ERP 及云端大数据分析与应用。其 CAM 软件主要用于数控冲床、激光切割机、水射流切割机、等离子/火焰切割机、管材型材切割设备、复合机床编程套料等。

图 1.8　Lantek 软件图标

Lantek（中国）成立于 2006 年，总部位于上海，并在北京、天津、武汉、深圳等地拥有办事机构。Lantek（中国）与国内各大切割机生产厂家建立了合作，如大族激光、奔腾激光、苏州领创、普瑞玛、宏山激光、江苏亚泰等。为了助力中国制造业产业升级，Lantek（中国）积极部署，帮助终端用户实现钣金加工的数字化转型，为其实现智能制造添砖加瓦。

Lantek 软件的图标如图 1.8 所示。

Lantek 软件相关界面如图 1.9～图 1.11 所示。

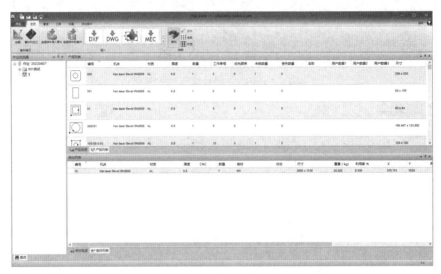

图 1.9　Lantek 软件主界面

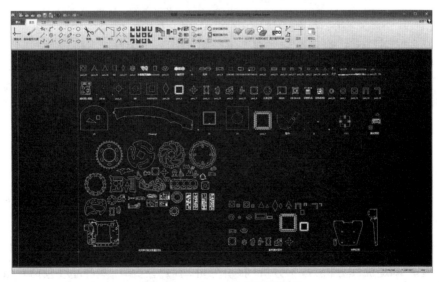

图 1.10　Lantek 软件绘图界面

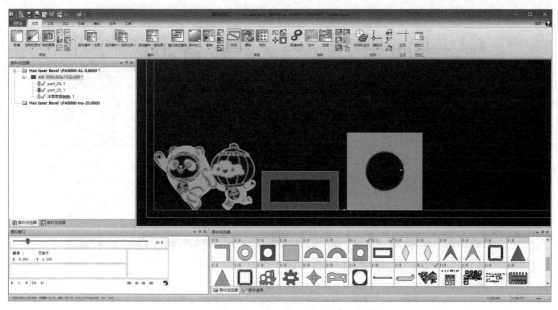

图 1.11   Lantek 软件套裁界面

4. CypNest

CypNest 软件是上海柏楚电子科技股份有限公司旗下的一套用于柏楚平面激光切割数控系统的套料软件。上海柏楚电子科技股份有限公司于 2007 年 9 月 11 日在紫竹国家高新技术产业开发区创办成立，是一家高新技术民营企业，先后自主研发出 CypCut 激光切割控制软件、HypCut 超高功率激光切割控制软件、CypTube 方管切割控制软件、FSCUT1000/2000/3000/4000/5000/6000/8000 系列激光切割控制系统、高精度视觉定位系统及集成数控系统等产品。CypNest 软件是针对柏楚 HypCut/CypCut 平面切割软件开发的一款套料软件，能够实现快速套料、图纸处理、刀路编辑、生成表单等功能。

CypCut 软件图标和 CypNest 软件图标如图 1.12 所示。

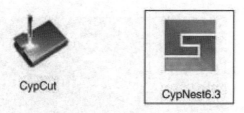

图 1.12   CypCut 软件图标和 CypNest 软件图标

CypCut 软件操作界面如图 1.13 所示。

CypNest 软件的各个界面如图 1.14～图 1.17 所示。

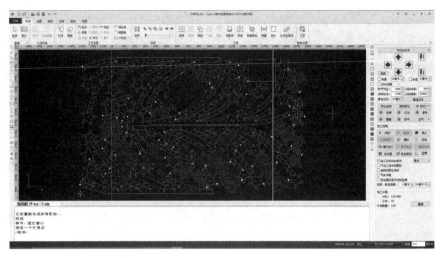

图 1.13　CypCut 软件操作界面

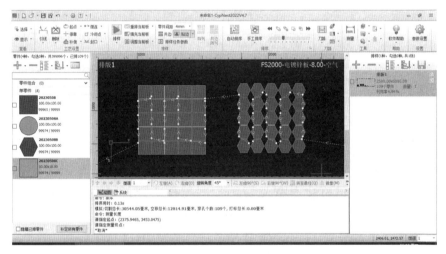

图 1.14　CypNest 软件主界面

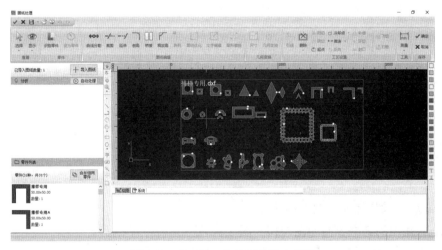

图 1.15　CypNest 软件零件导入界面

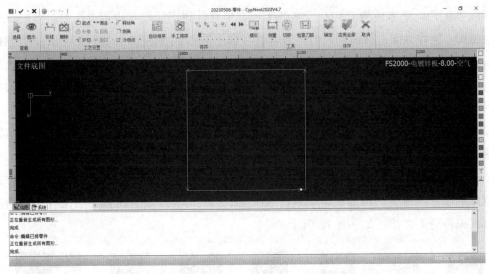

图 1.16　CypNest 软件已排样零件路径编辑界面

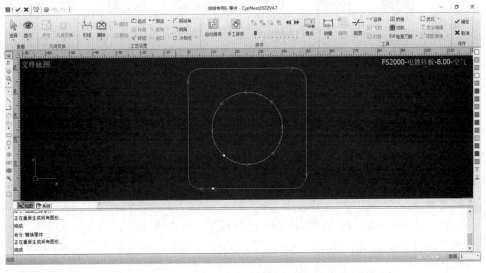

图 1.17　CypNest 软件零件路径编辑界面

任务 1.3　CAM 软件工艺流程

　　Lantek 软件和 cncKad 软件都是非常专业的激光切割套料软件，同时它们还支持等离子/火焰切割、冲床设备的编程。Lantek 软件因具有专业的数据库管理功能而在自动化切割生产线方面应用较多。cncKad 软件是最早且最专业的一款激光切割软件。CypNest 和 Han's LaserNest 都是针对激光切割编程的专业套料软件，CypNest 一般与柏楚的数控系统搭配使用；Han's LaserNest 适用于多个系统类型的激光切割设备，在离线编程软件（编程电脑端）生成的加工程序，可以在在线编程软件（切割机床）上进行方便灵活的编辑修改，在线和离线两个软件版本配合，更方便激光切割设备使用。其他软件输出的程序也可以在 Han's LaserNest 的在线 CAM 软件界面进行编辑，但是兼容性会弱于 Han's Laser Nest 离线 CAM 软件。Han's LaserNest 的离线 CAM 软件在输出程序时会同步零件相关的工艺信息，以便在线 CAM 软件识别。结合软件功能的专业性、软件学习的难易程度、市场覆盖率等多方面因素，本书以 Han's LaserNest 软件为例讲解激光切割 CAM 软件的使用。

激光切割工艺流程是指按照图纸规定通过 CAM 软件编程输出切割程序，然后使用激光切割设备加工出成品工件的一系列过程。

CAM 软件编程主要是将需要加工的工件图纸导入到编程软件中进行处理，然后通过软件将可视化的图像信息变为可被机器识别的 NC 程序代码信息。以 Han's LaserNest 软件为例，一般套料编程分为 7 步，如图 1.18 所示。

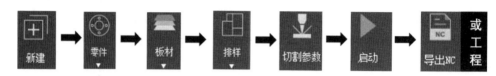

图 1.18 套料编程流程图

① 新建项目。新建一个格式为 HSP 的工程文件。

② 导入零件。导入工件 CAD 文件，对图形进行处理，设置零件的材质及数量，添加工艺及路径。

③ 新建板材。设置板材尺寸、材料及数量。

④ 套料排样。设置板材边距、排样时间及共边参数。

⑤ 添加切割参数。给板材上的零件添加引线、补偿、微连接等工艺，并对整版零件进行路径优化。

⑥ 启动加工路径模拟。对 NC 程序路径进行模拟，检查程序的切割顺序、引线、微连接、喷膜等功能是否设置正确。

⑦ 导出 NC 程序或另存工程文件。

课 后 习 题

判断题

1. Han's LaserNest 软件编程作为激光切割的重要组成部分，其编程技术水平直接影响着机械零件和产出品的加工精度及加工效率。（　　）

2. Han's LaserNest 软件只允许输出一种机型的 NC 文件。（　　）

3. CAM 软件编程是输入编程代码，然后将其转化为可视化零件图纸图形的过程。（　　）

4. 引线和补偿值可以在"切割参数"中进行设置。（　　）

5. 板材大小及零件到板材边缘的距离可以在"切割参数"中进行设置。（　　）

第二部分

激光切割软件
（Han's LaserNest）编程

Han's LaserNest 软件基础知识

项 目描述

工欲善其事，必先利其器，安装 CAM 软件需要一台高性能计算机。Han's LaserNest 软件只有在一台高性能的计算机上运行才能发挥出其该有的效率，并提升用户的体验感。Han's LaserNest 软件对安装环境有一定的要求，计算机处理器需要 i5 四核及以上，安装内存需要 4 G 及以上，系统类型推荐 64 位，操作系统推荐 Win7 及以上。Han's LaserNest 软件配套一份加密狗，其加密狗要注意保管，以防丢失。Han's LaserNest 软件的加密狗类似一个 U 盘，若计算机没有插入加密狗则无法打开软件。（注：加密狗，也称加密锁，是一种用于计算机、智能硬件设备、工控机、云端系统等软硬件的加密产品。软件开发商通过加密狗管理软件的授权，防止非授权使用，抵御盗版威胁，保护源代码及算法。）

本项目主要介绍 Han's LaserNest 软件的安装与卸载、软件的综合功能及菜单界面，让学生对 Han's LaserNest 软件有一个整体的认识。

任务 2.1　安装与卸载 Han's LaserNest 软件

1. 安装控制软件

如图 2.1 所示，将软件最新版安装包复制到计算机上，该软件适配 32 位和 64 位计算机系统，推荐使用 64 位。

选择 Han's LaserNest 安装包，右击鼠标，选择以管理员身份运行，会弹出软件安装界面，如图 2.2 所示。

如图 2.3 所示，在弹出的窗口中单击"自定义设置"，可自定义软件安装的路径，建议不要安装在 C 盘，因为 C 盘会存在数据读取权限问题。选好合适的安装路径后，单击"开始安装"

即可。需要注意的是，当"保留原数据"勾选时，如果之前安装了本软件，那么之前在软件中设置的一些默认参数会自动保存下来，不会替换，如材料库、切割参数、工艺参数等。

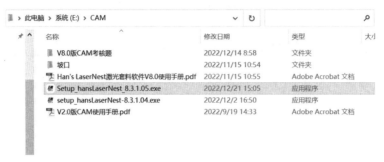

图 2.1　安装包

图 2.2　安装界面

图 2.3　单击"开始安装"

图 2.4 为软件正在安装，当进度条为满格时，表明软件安装完成。

图 2.4　安装中

如图 2.5 所示，此时软件已安装完成，单击"立即体验"即可打开软件。

图 2.5　软件安装完成

如图 2.6 所示，看到此界面说明软件已经成功打开。

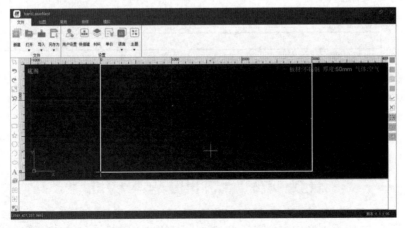

图 2.6　软件主界面

2. 常见报警

如图 2.7 所示，如果出现图示报警，说明软件未识别到加密狗。如果没有插上加密狗则插上加密狗，如果插上加密狗还是报错，则可以换个 USB 端口或重启计算机。

图 2.7　加密狗问题

3. 卸载软件

如果软件需要重新安装，那么在卸载前可以先将软件的文件备份，或者在重新安装时勾选"保留原数据"。如图 2.8 所示，打开软件安装的位置，找到"uninst.exe"文件，直接双击运行，即可完成卸载。

名称	修改日期	类型
TKG2d.dll	2022/8/22 9:54	应用程序扩展
TKG3d.dll	2022/8/22 9:55	应用程序扩展
TKGeomAlgo.dll	2022/8/22 9:58	应用程序扩展
TKGeomBase.dll	2022/8/22 9:56	应用程序扩展
TKHLR.dll	2022/8/22 9:59	应用程序扩展
TKMath.dll	2022/8/22 9:53	应用程序扩展
TKMesh.dll	2022/8/22 10:01	应用程序扩展
TKOpenGl.dll	2022/8/22 9:55	应用程序扩展
TKPrim.dll	2022/8/22 9:59	应用程序扩展
TKService.dll	2022/8/22 9:54	应用程序扩展
TKShHealing.dll	2022/8/22 10:00	应用程序扩展
TKTopAlgo.dll	2022/8/22 9:58	应用程序扩展
TKV3d.dll	2022/8/22 10:05	应用程序扩展
uninst.exe	2022/12/30 16:00	应用程序
WinOpenGL_22.8_15.txv	2021/9/14 7:23	TXV 文件
WipeOut_22.8_15.tx	2021/9/14 2:47	TX 文件
WkWin32.dll	2021/7/1 8:42	应用程序扩展
加密狗升级工具.exe	2022/11/3 17:43	应用程序

图 2.8　软件卸载

任务 2.2　软件的基本功能

Han's LaserNest 软件主要用于对单个或多个零件进行编辑加工、套料排样并输出程序。

软件整体布局分为主功能区、排样功能区、视图窗口区、操作信息栏及快捷功能区，如图 2.9 所示。

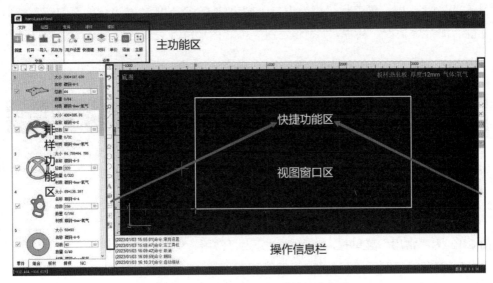

图 2.9　Han's LaserNest 软件界面布局

主功能区分为 5 个主菜单，分别为文件、绘图、常用、排样及模拟，如图 2.10 所示。

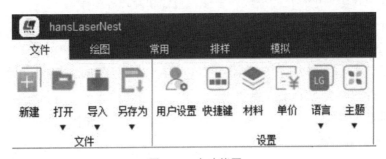

图 2.10　主功能区

图 2.10 为 "文件" 菜单栏，该菜单栏下的功能主要是针对文件的加载、保存，以及软件的一些常用设置。例如：

① "打开" 和 "导入" 功能都是将 DXF、DWG、NC、HSP、SVG 等格式的图形文件在窗口中打开，两者的区别在于："打开" 只能在窗口显示一个打开的图形文件，当需要打开第二个文件时会将第一个文件覆盖，而 "导入" 支持在窗口中显示多个导入的文件。

② "另存为" 功能可将窗口显示的文件另存为 DXF、DWG 及 SVG 等格式的文件，也可以另存为 HSP 工程文件。HSP 工程文件包含了当前工程的零件库零件、板材库的板材、排样结果、组合零件等信息，且会对添加工艺的所有信息进行保存，所以一般建议另存为 HSP 工程文件。

③ "设置" 的功能主要是软件的偏好设置，可以修改语言、主题、材料、单价等，还可

以更新材料库，用户也可以根据使用习惯设置功能快捷键。其中，比较重要的功能是"用户设置"，在这里可以设置图形处理、对象捕捉及零件导入等的参数。

图 2.11 为"绘图"菜单栏，相当于一个简单的 CAD 功能，常用到的有文字、裁剪、延伸、分割、测量等功能。其中，"图形处理"可对图形进行去重、合并、平滑和自动转圆等操作。

图 2.11 "绘图"菜单栏

图 2.12 为"常用"菜单栏，该菜单栏分为"常用""变换""工件""工艺""工具""参数"六大版块。

"常用"菜单中的"选择"主要具有全选、反选、选择相似图形、批量修改等功能，而与呈现相关的功能都在"显示"中。

"变换"可以对零件进行尺寸缩放、平移、镜像和旋转等操作。

"工件"针对的是零件创建和炸开，因为整版导入时有些零件是不合理的，需要炸开后修改零件，然后再重新创建。

"工艺"是该菜单栏比较常用的功能，可以对零件添加所需的工艺，如引线、补偿、微连接、收尾方式、冷却点、沉头孔及倒边等。

"工具"则是对零件进行阵列、飞切、桥接、群组、排序等操作，还可以实现板材的余料切割、骨架的碎切等功能。

图 2.12 "常用"菜单栏

"参数"是比较重要的功能，该功能是对常用功能的归纳，可一次性完成工艺添加，简化软件的操作流程，如图 2.13 所示。此外，它还可以自动保存每种对应材料、对应厚度、对应切割气体的工艺参数，实现原则是根据视图窗口显示的材料、厚度、切割气体进行自动识别和自动调用对应的工艺参数。所以在设置板材时，一定要设置好材料类型、厚度及切割气体，如果没有对应材料，可从材料库自行添加，软件会自动获取，如图 2.14 所示。

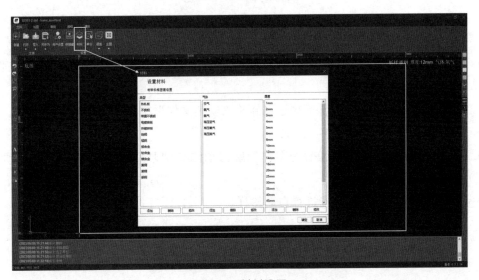

图 2.13 切割参数设置

图 2.14 材料设置

图 2.15 为"排样"菜单栏，该菜单栏可以实现零件的导入、板材的添加及排样的参数设置。其中，最重要的是排样的参数设置，可以设置排样时的零件间距、板材间距、排样方式、是否共边排样等。

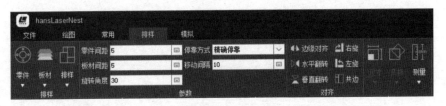

图 2.15 "排样"菜单栏

图 2.16 为"模拟"菜单栏，该菜单栏分为"模拟""查看""NC"三部分。"模拟"是根据当前的路径进行模拟加工；"查看"是手动查看轮廓的加工轨迹；"NC"则包括 NC 程序的导出，烧膜、预穿孔、机器补偿等常用的导出设置，以及加工报价、整版报表、排样结果、报表的生成等。

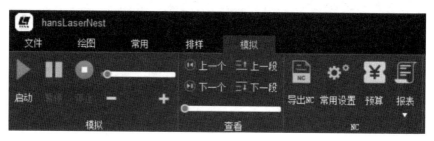

图 2.16 "模拟"菜单栏

课 后 习 题

判断题

1. 安装了 Han's LaserNest 软件的计算机在插入了加密狗之后，Han's LaserNest 软件才可以使用。（　　）

2. 卸载 Han's LaserNest 软件需要手动删除"安装文件"文件夹。（　　）

3. 底图模式下可同时导入多个 DXF 文件。（　　）

4. "绘图"菜单栏的功能包括为零件轮廓自动添加切割路径、自动修改加工顺序等。（　　）

5. 只有零件库有零件时才能进行自动排样。（　　）

项目 3

切割工艺编程流程

项目描述

Han's LaserNest 软件排样主要有零件导入、板材创建、排样这三步，排样完成后再进行工艺的添加和路径处理。进行整板切割时，必须对工件进行排样处理，从而提高板材的利用率。套料编程是 Han's LaserNest 软件中最重要的组成部分。此外，软件还可以针对单个零件进行加工编程。

本项目通过介绍 Han's LaserNest 软件的编程流程，让学生掌握排样技能，以便更快地将其运用于实际生产过程中。

任务 3.1　软件编程流程

1. 基本编程流程

Han's LaserNest 软件可用于多个零件的套料编程和单个零件加工的编程。多个零件的套料编程流程如图 3.1 所示，单个零件加工的编程流程如图 3.2 所示。

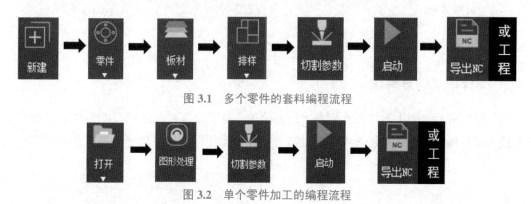

图 3.1　多个零件的套料编程流程

图 3.2　单个零件加工的编程流程

如图 3.1 所示，多个零件的套料编程流程大致分为 7 步：新建项目→导入零件→新建板材→套料排样→添加切割参数→启动加工路径模拟→导出 NC 程序或另存工程文件。

而单个零件加工的编程流程相较简单一些，只需打开零件，对其进行图形处理，并添加相应的切割参数，然后启动模拟检查，如果没有问题，则可导出 NC 或者另存工程文件。

2. 相关文件格式

想要灵活使用 Han's LaserNest 软件的两种编程模式，首先要认识与软件相关的几个文件格式。图 3.3 列出了一些与 Han's LaserNest 软件相关的文件格式。

.dxf，.dwg，.NC，.hsp，.svg 是软件支持的导入零件图形的文件格式，其中.dwg 和.hsp 文件比较常用。

后缀名为.NC，.GNC，.HTC 和.TXT 的文件是生成的加工程序的保存文件。而后缀名为.doc 和.pdf 的文件则是软件生成的加工报表文件，报表的模板和文件类型可以根据需求设置。

后缀名为.xls 的文件则是零件批量导入或者排样测试的文件。

名称	修改日期	类型
111.doc	2023/1/7 15:49	Microsoft Word ...
111.dwg	2023/1/7 15:47	DWG 文件
111.dxf	2023/1/7 15:47	DXF 文件
111.GNC	2023/1/7 15:48	GNC 文件
111.hsp	2023/1/7 15:47	HSP 文件
111.HTC	2023/1/7 15:48	HTC 文件
111.NC	2023/1/7 15:48	NC 文件
111.pdf	2023/1/7 15:50	Adobe Acrobat ...
111.svg	2023/1/7 15:47	Microsoft Edge ...
111.TXT	2023/1/7 15:49	文本文档
导入零件Excel.xls	2022/11/4 18:08	Microsoft Excel ...
排样测试.xls	2022/6/22 15:25	Microsoft Excel ...

图 3.3 文件格式

3. 排样模式的零件编辑

当排样完成后，如果零件存在问题，需要修改，则可以直接在排样底图界面上双击零件，即可进入零件编辑界面。如图 3.4 所示，当前模式是排样，但也可以进入零件编辑界面。

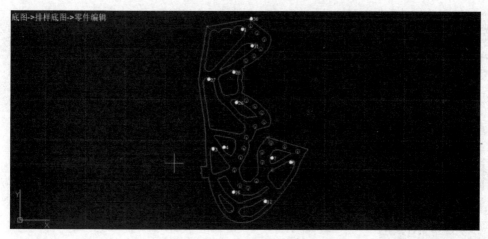

图 3.4　排样底图界面上的零件编辑

任务 3.2　套料编程流程

1. 新建项目

如图 3.5 所示，首先打开 Han's LaserNest 软件，单击
"新建"。新建是指将之前零件库的零件、板材库的板材、
组合零件、排样结果、窗口图形、工程或加工程序等图形
文件清空，重新建立一个新的空白文件，所以单击"新建"
命令后，软件会提示保存（可以根据实际情况选择是否进
行保存）。

图 3.5　单击"新建"

2. 导入零件

导入零件一般有 3 种方式，分别为文件夹导入、Excel 文件导入、标准零件导入。

如图 3.6 所示，在"排样"菜单栏，单击"零件"下的"导入零件库"命令，即可弹出
零件选择对话框，找到需要导入零件所在的文件夹，然后在目录文件下选择所需要的零
件（可以单选或者按住 Ctrl 键或者 Shift 键多选），单击"确认"，之后会弹出导入零件
详细对话框，在对话框中设置零件数量，最后单击"确定"，此时零件图形就会被导入
软件。

如图 3.7 所示，在软件左侧零件栏空白处右击鼠标，选择导入 Excel 文件，找到软件安装
路径（如 D：/hanslaserNest/cfg）下的 Excel 文件，单击"确认"导入。通过这些操作，可以
自动导入零件且自动获取零件信息，前提是要将零件保存路径、零件名称、零件数量、零件
材料类型、厚度、切割气体按照规定格式写入到 Excel 文件中。

激光切割技术应用教程

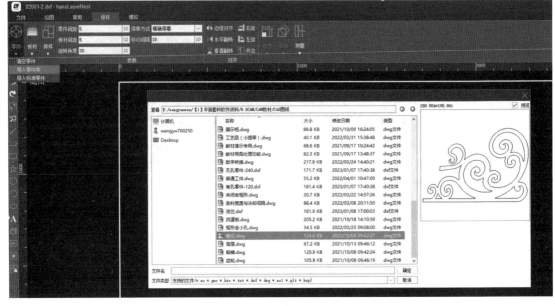

图 3.6　文件夹导入

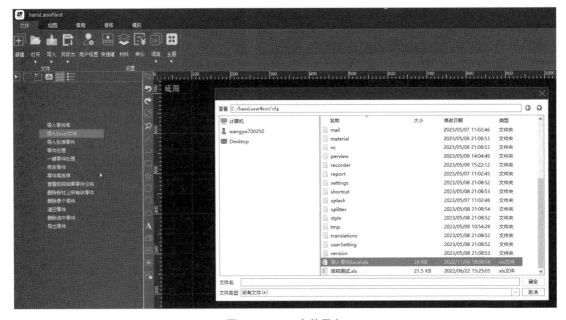

图 3.7　Excel 文件导入

如图 3.8 所示，选择"排样"菜单栏零件功能下的"导入标准零件"，在对话框中选择需要的标准零件，单击"确定"，然后在新对话框中修改标准零件的尺寸、板材、切割气体、厚度和数量。

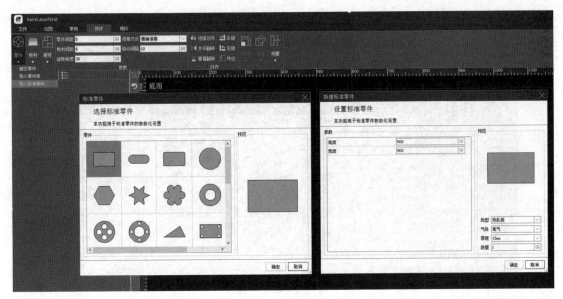

图 3.8　标准零件导入

　　零件导入之后有可能需要对零件进行图形处理，这是软件自身的检查功能，就是检查图形的轮廓是否有问题，如外轮廓是否闭合、是否有不封闭线条等。如图 3.9 所示，如果零件存在问题，在"导入零件"对话框中零件名称会显示红色，并且导入后的零件不会存入零件库，而是直接导入到导入零件编辑界面，如图 3.10 所示。在零件图形中，若出现"×"，说明轮廓不封闭，需要将其修复，待修改正确后才能将其导入零件库。

图 3.9　导入零件对话框

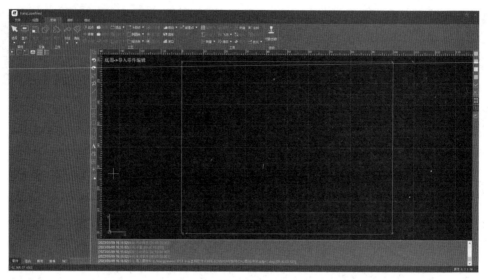

图 3.10　导入零件编辑界面

3. 新建板材

在"排样"菜单栏选择"板材"下的"新建板材"命令,弹出板材设置对话框,可对板材尺寸、材料属性、厚度、切割气体、板材数量等参数进行设置,如图 3.11 所示。

图 3.11　新建板材

也可在板材栏空白处右击鼠标,选择"导入板材库"命令,可通过导入 DXF 文件将导出的余料板材或 CAD 绘制好的板材导入到板材库中(也支持导入异形板材),如图 3.12 所示。

图 3.12 导入板材

4. 套料排样

（1）自动排样

导入零件与新建板材完成后，选择"排样"菜单栏下的"排样"命令，软件会弹出自动排样参数设置对话框，可对零件间距、板材边距、排样时间、排样方向、旋转类型、共边等参数进行设置，如图 3.13～图 3.15 所示。

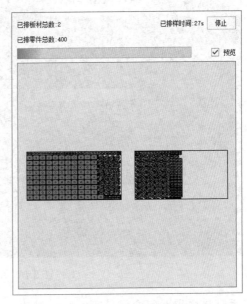

图 3.13 自动排样参数   图 3.14 自动排样中

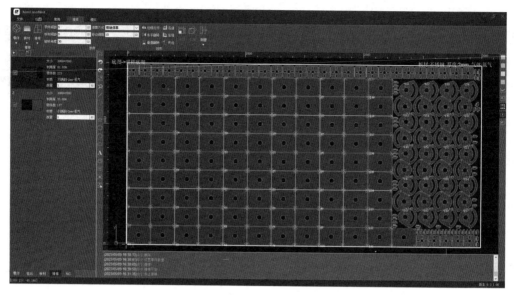

图 3.15　自动排样结果

（2）手动排样

在板材库板材上右击鼠标，选择"新建排样结果"命令，软件会进入手动排样界面，如图 3.16 所示。

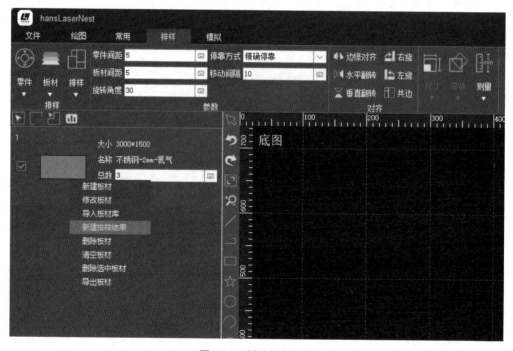

图 3.16　新建排样结果

手动排样界面包含零件间距、板材边距、移动间隔、旋转角度、边缘对齐等功能，如图 3.17 所示。

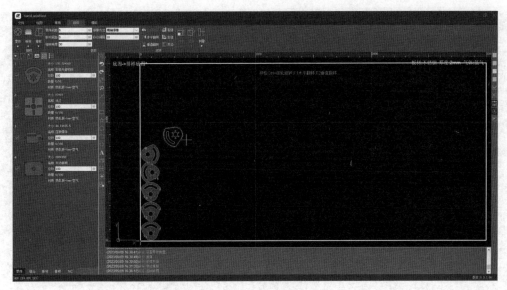

图 3.17　手动排样

5. 添加切割参数

零件排样完成后，可双击排样结果，将其打开到视图窗口后，选择全部图形，单击"切割参数"命令，给选中的零件添加工艺，如引线、补偿、微连接、路径优化、分层等，如图 3.18 所示。

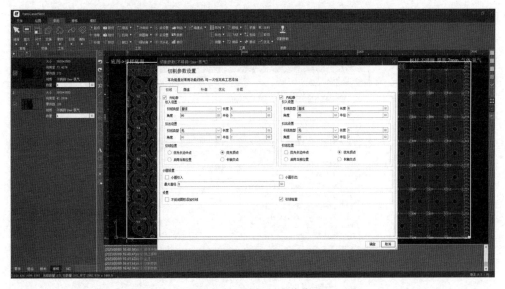

图 3.18　添加切割参数

6. 启动加工路径模拟

切割参数添加完成后，可对整版图形进行加工模拟，查看加工路径是否合理，若存在不合理的地方，则需要手动进行调整，如手动修改零件起点、手动排序等，如图 3.19 所示。

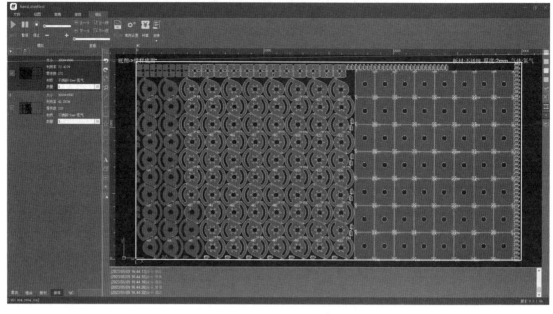

图 3.19　加工路径模拟

7. 导出 NC 程序或另存工程文件

单击"模拟"菜单栏下的"导出 NC"命令或"文件"菜单栏下的"另存为"命令，导出 NC 程序或工程文件，如图 3.20～图 3.21 所示。

图 3.20　导出 NC 程序

图 3.21　另存工程文件

　　将加工程序或工程文件发送到机床可通过局域网共享、U 盘传输、网络发送 3 种方式。为了防止安装了光纤激光切割机床系统的计算机中病毒，一般不建议使用后两种方式。推荐使用编程计算机和机床组建局域网的方式，局域网的搭建可以由专业人员完成。成功组网后可以直接将程序发送到机床。

　　一般常用的加工报告有两种：一种是订单报告，即一次性生成整个订单的排样信息；另一种是当前显示排样结果报告，这个报告可以针对当前排样的板材生成很详细的信息。

课 后 习 题

　　一、判断题

　　1. Han's LaserNest 编程软件有自动排样模式和手动排样模式两种。（　　）

　　2. 对零件导入后使用"切割参数"进行处理，可以一次完成多种工艺添加。（　　）

　　3. 将零件排布到板材上，主要的两种方式为自动排样和手动排样。（　　）

　　4. 将设置好的程序发送到机床一般有 3 种方式：使用局域网共享、使用 U 盘传输、使用网络发送。（　　）

　　5. Han's LaserNest 软件生成的加工报告一般有两种：一种是订单报告，另一种是当前显示排样结果报告。（　　）

　　二、简答题

　　1. 简述 Han's LaserNest 软件的套料编程流程。

　　2. 简述 Han's LaserNest 软件的单个零件加工的编程流程。

项目 4

CAD 零件图编辑

项 目描述

项目 3 介绍了软件编程的流程,其中有一个步骤是零件导入软件后的第一步操作——"检查"。检查的目的是发现零件的问题,并对问题进行处理。Han's LaserNest 软件除了有检查功能,还支持一些简单的 CAD 绘图功能。在生产现场,零件图的绘制一般由 CAD 来完成,软件自带的绘图功能不常用,但是在没有专业的 CAD 软件时也可以用来应急画图或者编辑、修改一些导入的零件图形。

本项目介绍 Han's LaserNest 软件的 CAD 零件图编辑的相关功能及检查和实体平滑功能,让学生对软件的绘制功能有清晰的了解,并可以在实际工作中熟练应用。

任务 4.1　绘制零件图

绘图功能是 Han's LaserNest 软件的一个基础功能,可以进行简单的图形绘制和对导入的图形进行修改。图 4.1 是"绘图"菜单栏的一些功能。

图 4.1　"绘图"菜单栏

1. 新建项目

新建项目可以创建一个新项目

如图 4.2 所示,打开 Han's LaserNest 软件,单击"新建"。

图 4.2　新建项目

如图 4.3 所示，利用"文件"界面中的"另存为"可以设置新建项目的保存路径和名称。

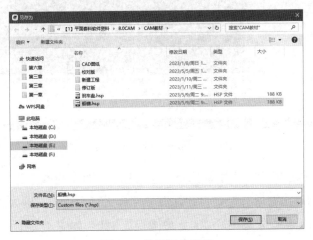

图 4.3　设置保存路径

如图 4.4 所示，在"排样"菜单下的零件下拉功能中选择"导入标准零件"命令。设置零件的大小为 500 mm×360 mm，材质为"不锈钢"，厚度为"1 mm"，零件类型为"矩形零件"。设置完成后单击"确定"，就生成了如图 4.5 所示的 500 mm×360 mm 矩形零件。

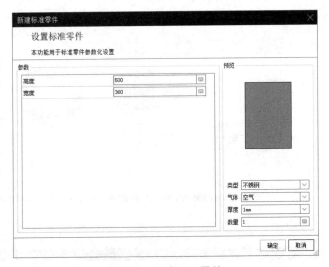

图 4.4　新建矩形零件

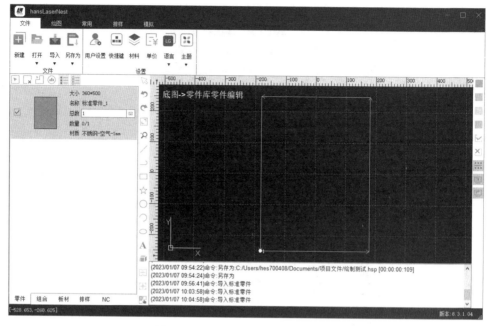

图 4.5　500 mm×360 mm 矩形零件

也可以在"零件库"界面右击鼠标选择"导入标准零件"命令，此时会出现"标准零件"界面，如图 4.6 所示。在这里有一些设计好的零件样式可供选择，例如选择圆环零件，单击"确定"，输入零件的尺寸：外圆半径 200，内圆半径 100，如图 4.7 所示。图 4.8 为使用零件库新建的零件。

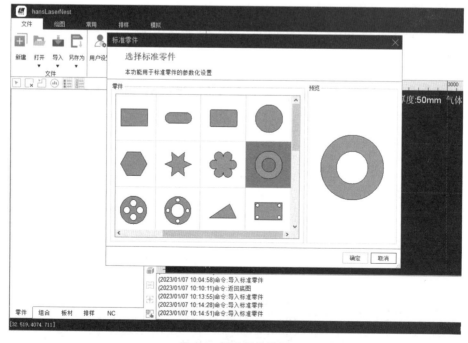

图 4.6　标准零件选择

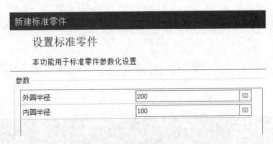

图 4.7 设置零件尺寸

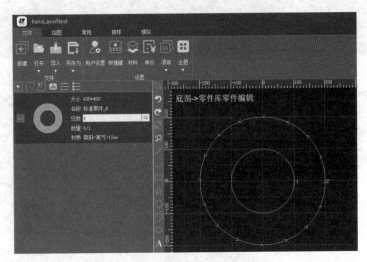

图 4.8 使用零件库新建的零件

2. 绘制实体

如图 4.9 所示,在 Han's LaserNest 软件的"绘图"菜单栏下有绘制点、线、圆、多段线等实体轮廓的功能。

在实际生产过程中,一般是用 CAD 等专业的制图软件创建零件,Han's LaserNest 软件的绘图功能只是用于辅助编程,如对导入图形问题进行简单的修复。由于 Han's LaserNest 软件主要侧重于编程,且绘制实体的操作较简单,所以本节不做详细讲解。

图 4.9 绘制实体功能

3. 绘制文本

在对零件进行编程处理时,会有对文本进行打标或者切割的要求,软件可以对字母、中文和数字格式的文本进行自动的"文本处理"。下面介绍如何使用 Han's LaserNest 软件绘制线条样式的文本。

如图 4.10 所示，单击"绘图"菜单，选择"文字"功能，此时会弹出设置文字的界面，如图 4.11 所示。

图 4.10 "文字"功能

图 4.11 文字设置

在"文字"界面中，可以对绘制的文本进行设置：

① "高度"为字体的高度，可以根据实际需要进行设置；

② "字体"是当前设置的字体，可以根据需要设置字体的类型；

③ "间隔因子"设置文本行间距；

④ "宽度因子"设置字体间距；

⑤ "角度"设置字体旋转角度；

⑥ 勾选"自动转多段线"功能后，文本会自动转换为多段线。转换成多段线后，就可使用图形处理功能对字体进行平滑处理。

这里字体高度设置为"30"，字体选择"等线"，文本输入"大族智控"，单击"确定"，然后拖动鼠标到零件的合适位置，左击鼠标确认插入绘制的线条样式文本，单击 Esc 键退出，绘制后的线条文本如图 4.12 所示。

图 4.12　绘制后的线条文本

任务 4.2　编辑零件图

Han's LaserNest 软件除了可以为导入的图形添加加工路径，还可以编辑导入的图形。图 4.13 为"绘图"菜单栏下的"优化"功能栏。"优化"功能栏下有裁剪、延伸、分割、炸开、合并、去重等功能。

图 4.13　"绘图"菜单栏

1. 删除选定零件

删除零件是编辑零件图时经常用到的一个功能，使用删除功能有两种方式：一种是在零件库中选择需要删除的零件，选择"删除当前零件"，将当前零件从零件库内删除（见图 4.14）；另一种是将需要删除的零件进行勾选，勾选完成后单击鼠标右键，选择"删除勾选零件"命令，即可对勾选零件进行删除。

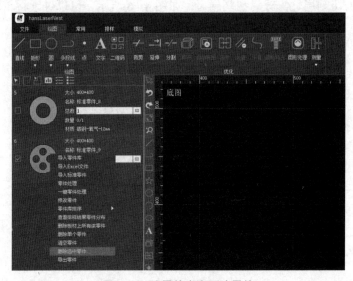

图 4.14　从零件库内删除零件

2. 编辑零件

编辑零件通过"绘图"菜单栏下的"优化"功能栏实现，包括裁剪、延伸、分割、炸开、合并、去重等功能。这些功能的作用如下。

裁剪：可以将线段超出边界的部分删除。

延伸：可以将直线或圆弧延伸到与下一线段相交的位置。

分割：在分割点处将线段一分为二。

炸开：将零件炸开为轮廓，将轮廓炸开为直线或圆弧。

合并：将多段线、直线、圆弧合并为一条多段线或一个圆弧。

去重：去除重复叠加的线段，即将重复的部分只保留一条，防止切割时重复切割。

3. 修改切割层

图 4.15 所示的图形是一个带线条样式文字的 CAD 图形。在使用 CAM 软件编程时会有加工和不加工两种情况，白色轮廓为不加工。如果想对白色轮廓进行加工处理或是对线条样式文字进行打标处理，就需要把不切割层改为切割层。

图 4.15　不切割的图形

修改轮廓切割层的方法是：选择需要修改切割层的轮廓或零件，然后单击图层下方的"√"，即可修改为切割层。修改为切割层后，如图 4.16 所示，可以继续将轮廓或零件修改为

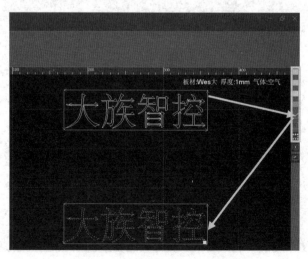

图 4.16　不切割层（图层）修改

对应的切割一、二、三层或打标层（图层一代表切割层一，图层二代表切割层二，图层三代表切割层三，图层四代表打标层）。修改后轮廓颜色会对应发生改变，Han's LaserNest 软件会根据轮廓的切割层再生成对应的加工程序。

4. 为字体建立桥接

图 4.17 为线条样式文字的 CAD 图形。在实际生产过程中，如果要对文字进行切割，就需要对文字的线条进行桥接处理，否则加工出来的文字会残缺不全。例如"白""日""口"这些样式的文字在文本线条变成双线条的路径之后，以整个零件为单位来看会出现内轮廓之内还有内轮廓的情况，内轮廓是需要保留的轮廓，不允许切掉。如果不想让内轮廓随废料掉落，就需要为内轮廓添加桥接，让内轮廓和零件成为一个整体。如果没有添加桥接使内轮廓和零件相连，就会出现需要保留的内轮廓被切割掉落的情况，甚至在切割顺序为"先加工内轮廓再加工内内轮廓"时出现内轮廓掉入废料车、内轮廓加工时切割头碰撞支撑条的情况。

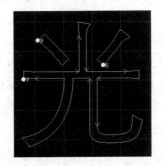

图 4.17 线条样式文字的 CAD 图形

单击"常用"，在"工具"功能栏选择"桥接"功能，此时会出现"桥接"对话框，设置桥接半径，如图 4.18 所示。

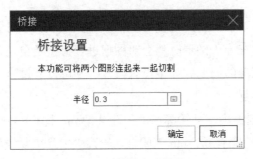

图 4.18 桥接宽度设置

设置插入桥接半径为"0.3"（单位：mm）（此数值为用氮气切割 1 mm 厚不锈钢时采用的最小建议数值，低于此数值将无法保证轮廓加工效果。在生产现场可根据切割的板材厚度和切割后内轮廓是否掉落修改桥接宽度，宽度越宽，连接越稳定），单击"确定"。

如图 4.19 所示，单击"桥接"，在需要桥接的轮廓上通过鼠标左键单击两点，两点之间生成的直线连接的轮廓就会加上微连接，如图 4.20 所示，此时桥接就添加完成了。

图 4.19　桥接线段添加前的文字

图 4.20　添加桥接后的文字

任务 4.3　零件图形检查及平滑

在编程时客户提供的 CAD 图纸可能会存在一些问题，比如重复线、缺口、断线等。如果在加工过程中这些重复线、断线的问题没有解决，那么加工出来的工件就会出现一些缺陷。例如，如果有重复线存在，加工之后就会出现一条路径切两遍的情况；如果有内轮廓未闭合，就会出现该内轮廓切不掉的情况；如果有外轮廓未闭合，就会出现零件无法添加到零件库、无法进行排样、将内轮廓识别为外轮廓的情况。

如果软件将内轮廓识别为外轮廓，则会导致后续添加引线位置出错，进而破坏工件。

除此之外，在导入 CAD 图形时还有一些其他问题，而且这些问题在大部分情况下不易被发现，所以在图形导入软件的过程中就要对图形进行检查。

1. 图形检查

单击"文件"菜单栏下的"用户设置"，出现"用户参数"对话框，如图 4.21 所示，将上面的选项勾选后，软件在导入图形时就会对图形进行检查及自动修复。一般情况下按照软件的默认参数即可修复图形的问题。如果没有修复，则可以通过修改参数和使用"绘图"菜单栏下的功能进行手动修复。

图 4.22 为导入的问题图形。外轮廓左上角有 2.0 mm 未闭合，图形导入的"自动闭合"的精度要改为"2.0"；内轮廓有 0.2 mm 未闭合，轮廓"去除重复线"的精度需要设置为 0.2，剩下的 2.0 mm 的直线需要手动删除。

图 4.23 为修复好的图形，图形的重复线被删除，断线被连接起来，小于设定值的未封闭的线段被删除，大于设定值的未封闭线段被保留。

图 4.21 "用户参数"对话框

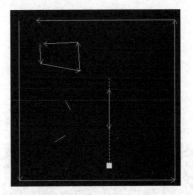

图 4.22 导入的问题图形

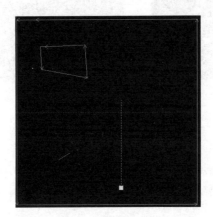

图 4.23 修复好的图形

2. 轮廓平滑

如图 4.24 和图 4.25 所示，选取需要进行平滑处理的图形后，单击"绘图"菜单栏，再单击"平滑"，此时会弹出"平滑"对话框，设置好参数，单击"确定"即可将多段线控制点减少，使加工时效率更高。"精度"设置越大，控制点减少的越多，平滑的变化越大，图形失真的概率越高。图 4.26 为轮廓平滑前后对比。

图 4.24 实体平滑

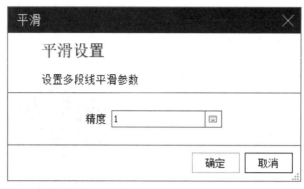

图 4.25 "平滑"对话框

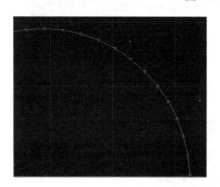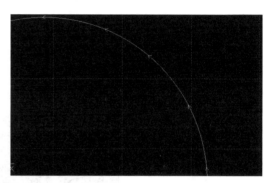

图 4.26 轮廓平滑前后对比

课 后 习 题

判断题

1. Han's LaserNest 软件可以将汉字格式的文本进行自动打标处理。（　　）

2. 字体桥接功能能够保证激光加工字体的完整性。（　　）

3. 图形处理功能可以自动处理图形中的不易被处理的细微问题，如重复线、内外轮廓未闭合等。（　　）

4. 由很多细小线段或圆弧组合成的轮廓不需要使用实体平滑。（　　）

5. 使用分层功能可以对未封闭的轮廓进行打标处理。（　　）

项目 5

加工路径处理

在切割时需要根据板材的不同材质、不同厚度为不同的轮廓添加不同的处理方式。轮廓的类型一般分为闭合轮廓、未封闭轮廓、字母数字和汉字等。

闭合轮廓的加工一般采用自动添加切割的方式。编程时按照设置的尺寸范围可以将闭合轮廓分为大轮廓、中轮廓、小轮廓和小孔。其中，大轮廓、中轮廓、小轮廓在切割时可以分别设置不同的切割工艺参数、切割补偿引线方式，小孔的处理方式可以选择点标记、穿孔和不处理。

未封闭轮廓可以自动添加切割，也可以手动添加切割。切割时未封闭轮廓的加工方式一般有切割和打标两种方式。

汉字、字母和数字在软件中被视为文本。针对文本的加工方式有打标和切割，如果需要切割，就需要先将汉字、字母、数字设置为切割层。

本项目主要介绍 CAM 软件的加工路径处理功能，如分层、引线设置、补偿、打标等。通过本项目的学习，可以让学生学会添加加工路径。

任务 5.1 切割分层

在进行激光切割加工时，由于轮廓的大小不同和要求的加工效果不同，需要对工件的轮廓进行分层，针对不同层可以为工件设置不同的切割工艺参数，如补偿、微连接、引线等。

1. 分层切割

图 5.1 所示的是一个导入软件的 CAD 图形，其内部有 3 个孔、1 个矩形和 1 条直线，3 个孔的直径分别为 5 mm、10 mm、20 mm，矩形的尺寸为 75.49 mm×41.72 mm。现在需要为

3 个孔添加分层，ϕ 20 mm 孔为第一层，ϕ 10 mm 孔为第二层，ϕ 5 mm 孔为第三层。

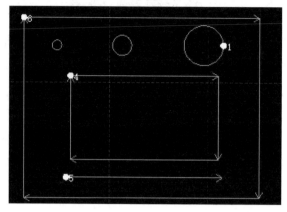

图 5.1　分层切割 CAD 图形

在 Han's LaserNest 软件中，选择"常用"菜单，然后单击"切割参数"，打开如图 5.2 所示的对话框，设置各层轮廓的大小范围，进而对图形轮廓进行分层处理。

图 5.2　切割参数设置

设置好区分轮廓层的大小参数后，单击"确定"，软件自动为零件各轮廓进行分层处理，此时可以通过加工路径的颜色来判断该轮廓属于第几层。图 5.3 为分层切割效果图。

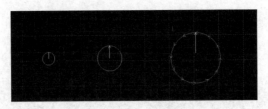

图 5.3 分层切割效果图

2. 小孔处理

现在需要为 3 个内孔添加分层，ϕ20 mm 孔为第二层，ϕ10 mm 孔为第三层，ϕ5 mm 孔设为小孔处理。

在 Han's LaserNest 软件中，先选择需要进行小孔处理的孔，然后单击"常用"中的"孔设置"，打开如图 5.4 所示的孔参数设置对话框，设置小孔尺寸、半径及处理样式。

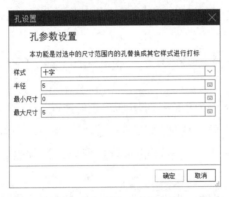

图 5.4 小孔处理参数设置

设置最大尺寸为 5，即半径 5 mm 以下的小孔会进行小孔处理，单击"确定"，软件自动为选定的小孔添加小孔处理，如图 5.5 所示。

图 5.5 小孔处理结果

小孔一般为激光加工无法完成的轮廓，其孔径小于激光切割在当前材质厚度可以加工的最小孔径。这种轮廓只能用其他工序来加工。软件对小孔的处理方式有 3 种：十字打标标记、小圆标记、十字小圆标记。

3. 手动分层

一些轮廓需要单独分层，如某轮廓按照软件的设置来分层会分到第一层，但是在加工时需要将其分到其他的切割层，此时就需要手动分层。例如，可以将图 5.1 中 φ10 mm 孔手动分到切割层一，如图 5.6 所示。

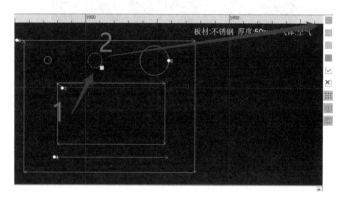

图 5.6　手动分层

选择需要进行分层的轮廓，然后单击对应图层即可完成分层处理。

任务 5.2　添　加　引　线

在激光加工过程中，为了避免穿孔对切割质量的影响，一般都采用在零件的外部穿孔，此时就需要用到引线。引线可以让切割从穿孔过渡到零件，引线这一过渡阶段还可以让切割的气压逐步稳定，从而优化切割断面的质量。所以，添加合适的引线对激光切割是非常重要的。

自动添加引线使用的是"常用"菜单下"切割参数"中的引线参数设置或直接使用"引线"命令，而且当引线位置不合适时，还可以采用"起点"命令手动修改起点位置。若引线与其他轮廓出现干涉，可使用"引线检查"命令自动修改。

1. 使用"切割参数"设置

还是以图 5.1 为例，使用"切割参数"添加引线需要先为图中的 3 个孔添加分层。如图 5.7 所示，在"切割参数"对话框中，设置好内外轮廓的引入引出参数。

设置内外轮廓均为直线引入，不设置引出，外轮廓引线长度为"5"，内轮廓引线长度为"4"，引线位置设置为优先顶点。直径 5 mm 以下的小圆采用小圆中心引入。

在"切割参数"对话框设置完引线参数后，单击"确定"，此时工件的引线就会按照"切割参数"中的设置进行自动添加。

图 5.8 为已经添加引线及加工路径后的零件图形。

2. 使用"引线"命令自动添加引线

此方法也是先框选需要添加引线的轮廓或零件，然后单击"常用"菜单栏下的"引线"

命令，进行引线参数设置，然后单击"确认"即可完成添加，如图 5.9 所示。

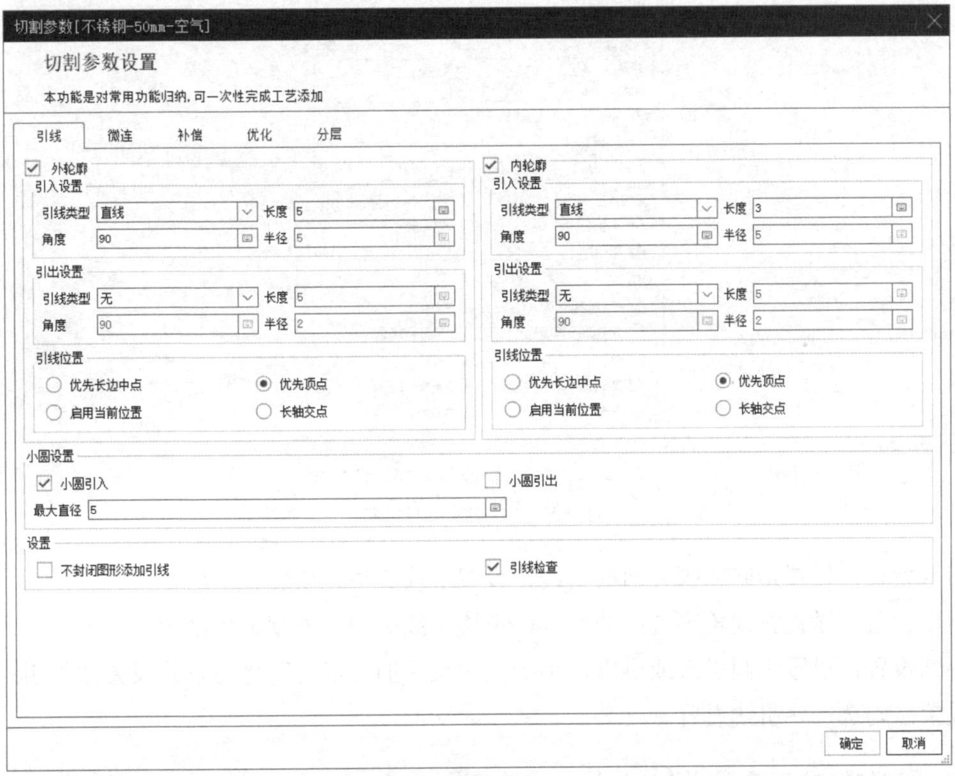

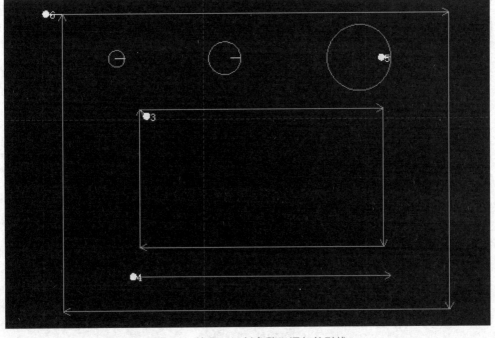

图 5.7　"切割参数"对话框

图 5.8　使用"切割参数"添加的引线

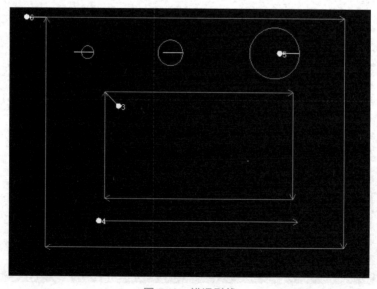

图 5.9   "引线"对话框

引入设置：设置指向轮廓方向的引线，设置引线类型、长度、角度等。

引出设置：设置背向轮廓方向的引线，设置引线类型、长度、角度等。

小圆设置：设置小圆引入或引出，小于最大直径的圆形轮廓将会以此设置添加引线。

设置：勾选一些引线设置。

3. 引线检查：设置栏勾选"引线检查"选项

如图 5.10 所示，当软件设置的最小引线长度大于圆孔的半径时，软件给圆孔自动添加的引线长度超过 5 mm 圆孔直径长度，以这样的引线长度去加工此圆孔将会导致工件本身被破坏。

图 5.10   错误引线

对于这种情况，可通过"引线检查"命令自动纠正。

课 后 习 题

一、判断题

1. 为工件添加补偿有软件补偿和控制器补偿两种方式。（　　　）

2. 软件补偿在切割复杂轮廓时的切割质量更好。（　　　）

3. 不同分层的轮廓可以设置不同的补偿值。（　　　）

4. 软件对小孔的处理方式只有两种：十字打标标记和十字小圆标记。（　　　）

5. 可以通过 Han's LaserNest 软件编程时的光束直径来调整切割工件的尺寸精度。（　　　）

二、简答题

简述如何对汉字进行打标。

项目 6

加工路径优化

项目描述

由于切割材料及厚度的多样化、零件轮廓大小及形状的多样化、切割现场工况的多样化，在激光切割过程中会遇到很多加工问题，如拐角过烧、零件翻转导致切割头碰撞、板材热变形、局部轮廓密集切割时过烧等，此时就需要优化加工路径来解决这些问题。

本项目主要介绍几个主要的优化加工路径的命令。通过本项目的学习，可以使学生了解优化加工路径的命令与作用，并掌握优化加工路径的方法。

任务 6.1　激光角处理

在厚板加工过程中，经常会遇到在切割尖角时因为热量集中造成拐角过烧的情况，针对这种情况可以使用软件的角处理功能。

如图 6.1 所示，在切割工件时因为拐角过烧或者因为尖角过渡不够平滑会产生一些工艺问题，此时就需要进行角处理。

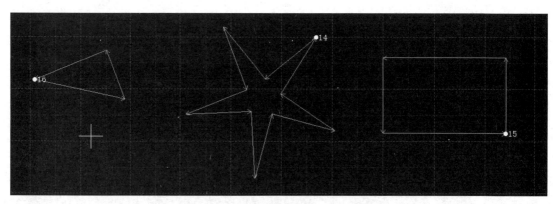

图 6.1　CAD 图

如图 6.2 所示，进行角处理有多种命令，如减速点、环切、倒圆角、冷却点等。

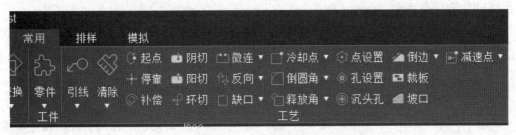

图 6.2　多种角处理命令

1. 减速点

单击"常用"菜单栏，选择"减速点"，然后进入"减速点"对话框，在这里可以设置所需的减速点的参数，如图 6.3 所示。减速点是一种特殊的工艺参数，可以通过子程序实现对拐角处工艺的单独控制。

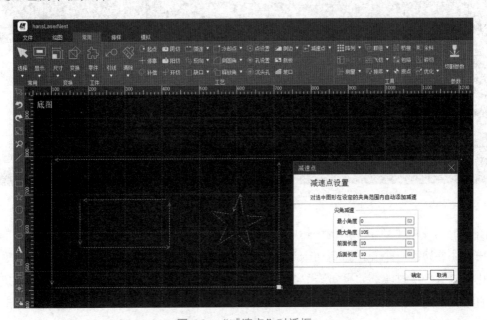

图 6.3　"减速点"对话框

选择"减速点"，设置角之前的距离为"3"，角之后的距离为"3"，运行之后会在拐角前后 3 mm 内的位置插入子程序，对拐角切割工艺进行单独控制。一般设置以慢速的方式进行切割。

减速点无法解决拐角过烧的问题。减速点一般用于优化氮气切割不锈钢或者空气切割碳钢拐角的切割质量问题，如拐角转脉冲切割。

"减速点"设置分为以下两部分。

① 角度参数设置。角度参数设置就是设置为多少角度范围内的实体添加减速处理。如果

设置"最大角度"为"105",则在添加角处理时软件只会为小于或等于105°的角添加角处理，大于105°的角不做处理。

② 前、后面长度参数设置。前面长度是指在进入距离拐角位置前的位置插入子程序，进行减速、降功率等处理；后面长度是指切过拐角后一定距离，恢复到正常的切割速度和功率。

2. 环切

单击"常用"菜单栏，选择"环切"，然后进入"环切"对话框，在这里可以设置所需的环切的参数，如图6.4所示。

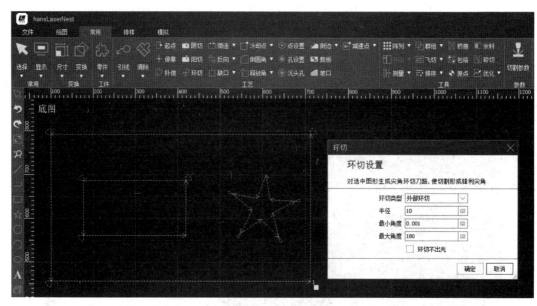

图 6.4 "环切"对话框

图 6.5 为使用"环切"后的外轮廓的加工路径。环绕切角也叫作外绕，环绕切角的路径为：在工件外切割一个孔，避免切割头在切割到拐角时先减速再加速，让路径从拐角变成一个圆孔来匀速平缓过渡。如果勾选了"环切"，且设置的半径尺寸为"5"，那么圆弧最远端到拐角的距离就是 5 mm。

图 6.5 环形切角图

"环切"不仅可以解决拐角过烧的问题,还可以保证切割工件尖角的尖锐度。但是外绕所走的路径尺寸就需要设置得足够大,否则起不到防过烧的作用。而外绕尺寸设置得越大,零件间距就需要设置得越大,这样会造成板材的浪费。勾选"环切不出光"选项,可以避免浪费板材的情况,即外绕的那段距离不会出光切割,而只是单纯移动。

3. 倒圆角

图 6.6 为使用"倒圆角"命令后的轮廓加工路径。"倒圆角"就是在轮廓拐角的位置添加一个倒圆角,让工件拐角在切割时可以平缓过渡,但是使用"倒圆角"命令会造成尖角圆滑,轮廓外形有一定程度的改变。

如果勾选"起点不倒角",则不会对轮廓起点进行倒圆角处理(图 6.6 中白点位置为起点)。

图 6.6 "倒圆角"图

4. 冷却点

图 6.7 为添加冷却点之后的加工图像。"冷却点"命令是在切割头切割到拐角时停止激光吹气一段时间,物理冷却拐角位置的板材温度。"冷却点"可以有效地解决拐角过烧问题。

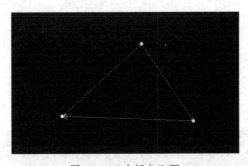

图 6.7 "冷却点"图

在冷却点设置对话框中勾选"尖角冷却",设置冷却角度为"0-105",则在添加冷却点处理时只会为小于或等于 105°的角添加冷却处理,大于 105°的角不做处理。判断"冷却点"是否添加成功可以看拐角位置是否有一个黄色的小点。

冷却点设置对话框中还有一种"引入冷却",即在添加引线的情况下,对引入点进行冷却(冷却点的冷却时间在机床设置中修改)。

"冷却点"既不会像"环切"一样造成板材的浪费，也不会像"倒圆角"一样造成尖角失真，但是在机床上设置的冷却时间越长，加工时间也就越长。

任务 6.2　添加微连接

在激光切割过程中，由于切断了与板材的连接，已经加工完成的工件会掉入废料车，这会对工件的下料造成不便；如果加工完成的工件的掉落位置是后续加工路径需要经过的位置，则有可能产生二次切割而造成工件报废；如果加工完成的工件在掉落途中翻转，则存在碰撞切割头的风险。为了避免这些情况的发生，需要为工件添加合适的微连接。

图 6.8 所示为微连接的加工路径。微连接一般是在零件需要切断的轮廓上留一个很小的缺口，通过不切断来保证零件连接在板材上，从而不掉落和不翻转。微连接可以防止在加工过程中零件翘起，触发碰撞报警，影响正常切割，也可以防止零件加工后掉落。

图 6.8　微连接的加工路径

使用 Han's LaserNest 软件为零件添加微连接有 3 种方式：使用"常用"菜单栏中的"微连"，也可以在其下拉框选项中选择"手动微连"，即手动添加微连接；还可以在下拉框中选择"划线微连"，即在需要添加微连接的轮廓上划线，即可产生微连接工艺；还可以使用"切割参数"对话框中的"微连"。

微连接位置优化：可以使用"微连"下拉框选项中的"微连移动"命令，移动先前添加过的微连接到想要的位置上。图 6.9 所示为"常用"菜单栏中的"微连"命令。

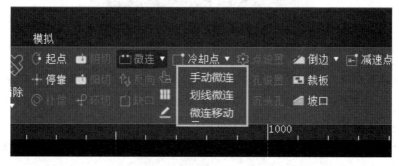

图 6.9　"微连"命令

图 6.10 为"切割参数"对话框中的"微连",该功能主要在零件的内外轮廓添加微连接工艺时使用,对于添加微连接的间隔、个数、长度,或者按什么方式添加都可设置。

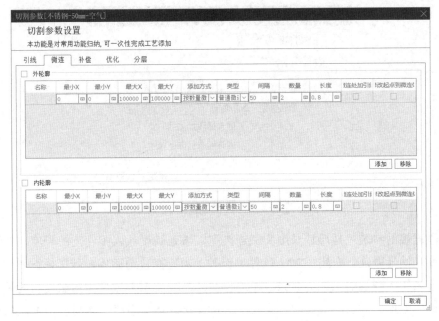

图 6.10　"切割参数"对话框中的"微连"

图 6.11 所示为 6 种不同的工件,下面为这些工件添加微连接。

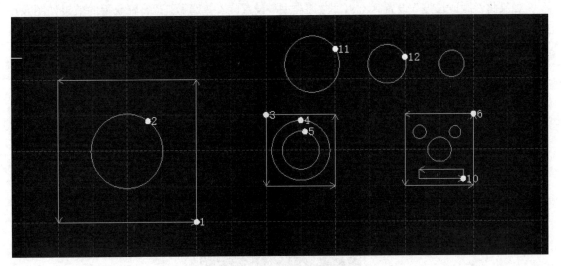

图 6.11　微连接 CAD 图

1. 对单个工件或轮廓使用"微连"

（1）手动微连
使用"常用"菜单栏中"微连"下拉框中的"手动微连"。

针对一些特殊的图形或者轮廓，当需要手动编辑轮廓的微连接时，选择"手动微连"命令，会弹出"手动微连"对话框，如图 6.12 所示，可根据实际需求设置微连接参数。

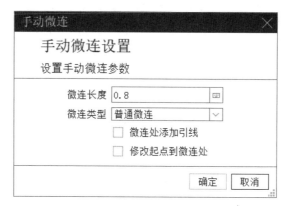

图 6.12　"手动微连"对话框

手动微连接的参数包括微连长度和微连类型，微连长度代表不切割的长度，微连类型分为普通微连和纳米微连。在用 CAM 软件编辑时，需选择普通微连，若选择纳米微连则需要在数控机床系统控制端的工艺界面修改微连长度，此时 CAM 软件中的微连长度是不起作用的。当勾选"微连处添加引线"时，会在每个微连接处增加引线，效果就是每次微连接起刀时都会走一遍引线，微连接效果会更加明显，但是切割效率也会减慢。当勾选"修改起点到微连处"时，会将整个工件的起刀点放在微连接处。

如果将"微连长度"设置为 0.8，"微连类型"设置为"普通微连"，则获得的效果如图 6.13 所示。

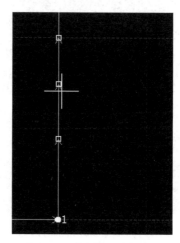

图 6.13　手动微连接效果图

（2）划线微连

如图 6.14 和图 6.15 所示，"划线微连"也需要手动划一条线，与线条相交的轮廓在交点位置会自动生成微连接。

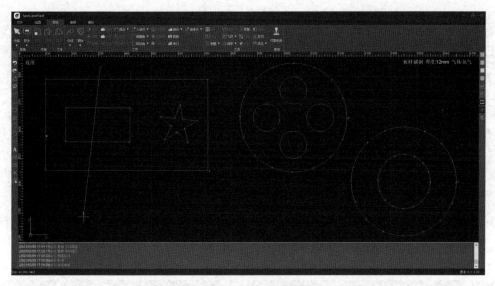

图 6.14 "划线微连"效果图（一）

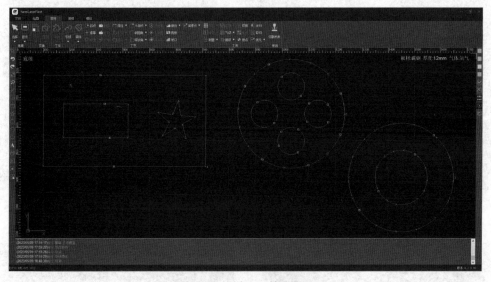

图 6.15 "划线微连"效果图（二）

　　"划线微连"的参数设置与"手动微连"的参数设置类似，也是修改微连长度和微连类型，只有一点不同：当勾选"内轮廓不添加"时，此时相对于一个零件的内轮廓而言，划线与内轮廓相交并不会产生微连接，若不勾选"内轮廓不添加"，则会将零件内轮廓也进行处理。"内轮廓不添加"选项只对零件生效，对于多个单独轮廓无效。

　　图 6.16 为勾选"内轮廓不添加"后的效果图，图 6.17 为不勾选"内轮廓不添加"时的效果图。

　　（3）移动微连

　　使用"移动微连"时，应先选择该命令，单击微连接标记点，再单击需要移动到的位置，则该微连接会移动到相对应的位置，效果如图 6.18 所示。

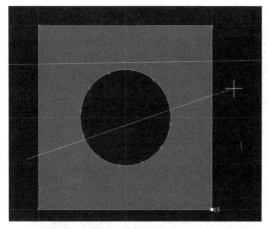 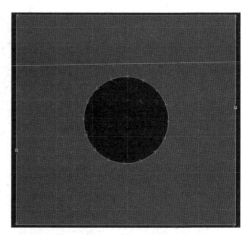

图 6.16 勾选"内轮廓不添加"后的效果图

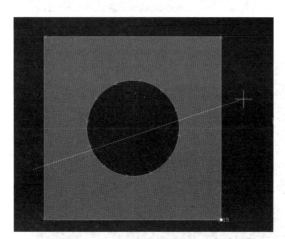 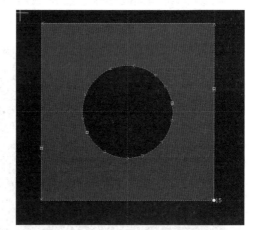

图 6.17 不勾选"内轮廓不添加"时的效果图

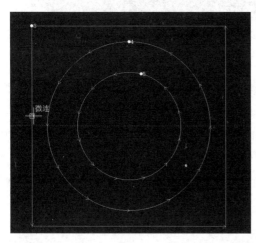 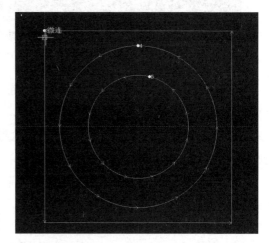

图 6.18 "移动微连"效果图

2. 对多个不同工件使用"微连"或者批量添加微连接

当你想编辑多个不同工件或者批量添加微连接时，可以直接框选需要编辑的工件，使用"常用"菜单栏中的"微连"命令，然后在"微连"对话框中进行参数设置，如图 6.19 所示。

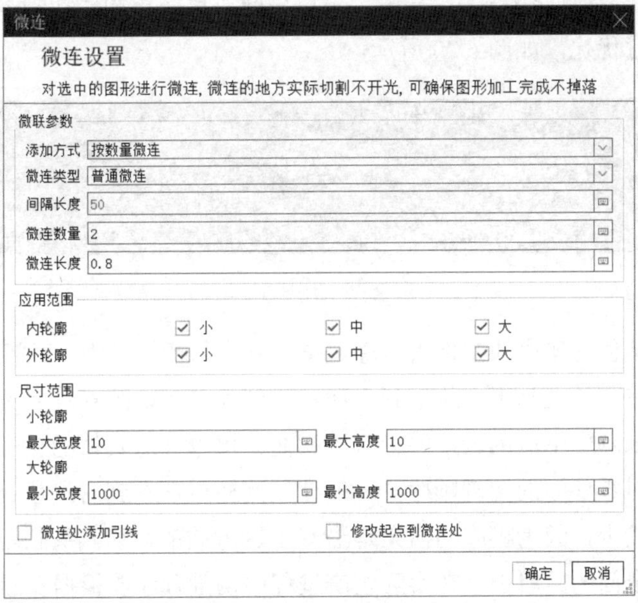

图 6.19　"微连"对话框

"微连"对话框中的参数类型如下。

添加方式：包括按数量微连和按距离微连两种方式。

微连类型：包括普通微连和纳米微连两种。

间隔长度：按长度添加设置参数。

微连数量：按数量添加设置参数。

微连长度：即不切割长度。

应用范围：即微连接使用在哪些轮廓上，根据大、中、小来区分。

尺寸范围：即轮廓划分的尺寸设置。

微连处添加引线：若勾选，在添加微连接的同时会给微连接加上引线。

修改起点到微连处：若勾选，则起点会调整到微连接处。

任务 6.3　切 割 优 化

当零件或排样文件的切割工艺添加完成后，可能需要对加工的路径进行优化，因为不合适的加工路径会影响加工效率，甚至是机床的运行安全。

例如，为了避免翘起、翻转零件碰撞切割头，除了为工件添加微连接，另一种方法就是避免切割头移动时经过已加工区域；在机床整板加工过程中，如果切割头频繁地往返于机床前、后切割工件，一方面会使效率降低，另一方面如果板材因为切割后的热变形及本身应力被释放之后翘起，也容易碰撞移动中的切割头。为了避免出现以上情况，就需要用到软件的"路径优化和起点"功能。

"加工路径"有多种优化方式。"常用"菜单栏的"排序"和"切割参数"命令都可以对零件的切割顺序进行优化，如图 6.20 所示。

图 6.20 排序功能

排序可以分为零件间排序和零件内排序。排序方式包括不排序、局部最短、网格、环形、从左到右、从右到左、从上到下、从下到上和从小到大等，如图 6.21 所示。

每一种自动切割顺序生成的加工路径都不相同，可以针对具体的轮廓及轮廓分布情况来选择排序方式。针对零件间的切割顺序，一般使用网格或从左到右、从上到下、从下到上和局部最短使用相对较少，因为机床的横梁是沿着 Y 轴方向的，切割头长距离地在机床上方来回移动容易出现安全问题。所以，在实际生产过程中切割顺序要根据实际的工况选择。

图 6.21 排序

（1）局部最短

局部最短是根据两个轮廓之间的距离来设置切割顺序，即先切割距离程序原点最近的轮廓，在切割完第一个轮廓之后，切割距离该轮廓收刀位置最近的一个穿孔位置的轮廓，之后依次寻找距离最近的穿孔位置。这种方式从切割路径来看空行程是最短的，如图 6.22 所示。

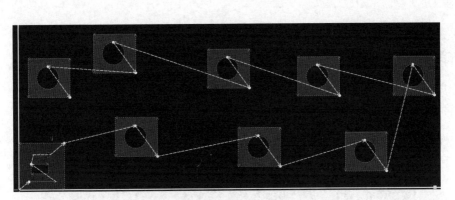

图 6.22　局部最短排序

（2）网格

网格是将零件分布按区域划分排序，是比局部最短的切割顺序更规律的一种切割方式。它沿着 X 轴方向进行往复的切割，是一种比较常用的方式，如图 6.23 所示。

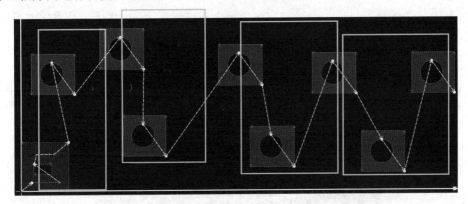

图 6.23　网格排序

（3）环形

环形是一种比较特殊的切割方式，适合一些内轮廓按螺旋或环形分布的图形，它是从零件中心轮廓向边缘轮廓环形进行加工，如图 6.24 所示。

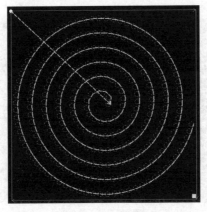

图 6.24　环形排序

（4）从左到右

从左到右是指根据板材内零件靠近板材左端的远近来定义加工顺序，离得越近越先加工，如图 6.25 所示。

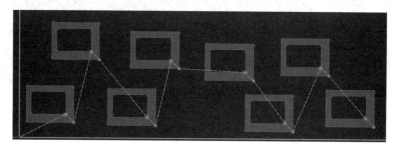

图 6.25　从左到右排序

（5）从上到下

从上到下是指根据板材内轮廓靠近板材上端的远近来定义加工顺序，离得越近越先加工，如图 6.26 所示。

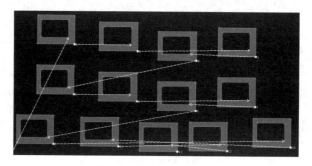

图 6.26　从上到下排序

（6）从下到上

从下到上是指根据板材内轮廓靠近板材下端的远近来定义加工顺序，离得越近越先加工，如图 6.27 所示。

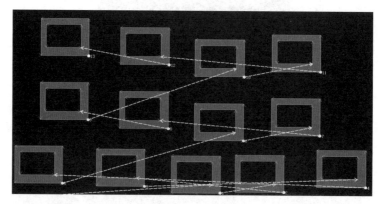

图 6.27　从下到上排序

（7）从小到大

从小到大是指根据板材内零件的大小，按从小到大的顺序开始加工，越小的越先加工，如图 6.28 所示。

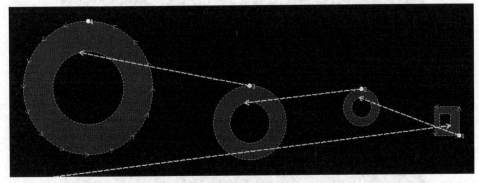

图 6.28　从小到大排序

任务 6.4　程序原点设置

当在非矩形的板材上加工工件时，会遇到如何定位的问题。一般情况下，对于矩形板材，将计算机界面的左下角设为原点。如果需要加工的是一个圆形板材，定位的原点取板材的圆心更为容易，此时就可以用到软件的"原点"命令。

"原点"命令在 Han's LaserNest 软件"常用"菜单栏下，如图 6.29 所示。

图 6.29　"原点"命令

单击"常用"菜单，单击"原点"，出现"原点"对话框，如图 6.30 所示，单击"原点位置"中的"中心"，单击"确定"，此时编程原点就修改完成了，如图 6.31 所示。

图 6.30　"原点"对话框

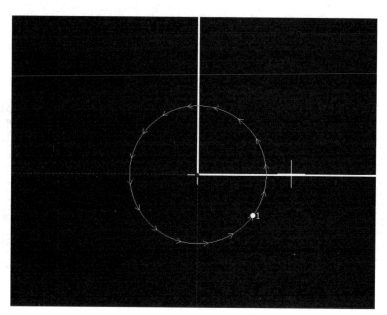

图 6.31　修改编程原点

任务 6.5　共 边 切 割

图 6.32 为使用共边切割的排样，图 6.33 为使用四周间隔切割的排样。在进行整版排样时使用共边切割功能可以节省板材，提升板材的利用率。另外，由于多个零件一起共边，公共边由原来的切割两次变为切割一次，提升了切割的效率。所以，共边切割是一个非常重要的功能。

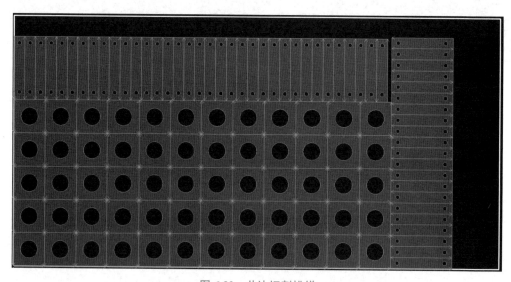

图 6.32　共边切割排样

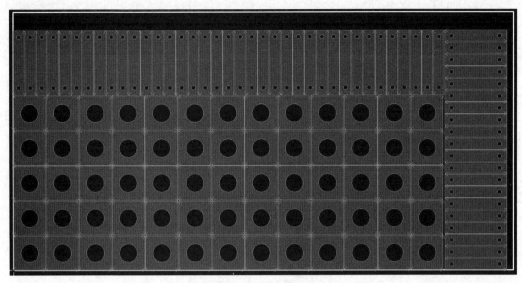

图 6.33　间隔切割排样

1. 基础知识准备

如图 6.34 所示，共边切割就是将两个工件的两条边合并为公共边，由切割两次变成只切割一次就可以完成两个零件公共边的加工。共边切割零件之间的间隙比正常排样的零件之间的间隙小。

在排样时可以通过两个零件之间的路径是否变成粉色来判断是否已经添加了共边切割。

注意：如果零件共边，但没有显示粉色路径，则可以在软件的右侧工具栏中激活"零件检测"命令。

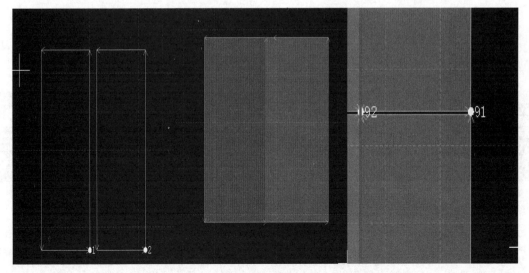

图 6.34　非共边切割路径和共边切割路径

为了避免零件之间引线的干涉和防止零件因为靠得太近被二次切割，正常的排样会在零件之间设置足够的零件间隔。共边切割同样也需要设置零件共边的四周间隔（如图 6.34 放大的矩形区域所示），也就是在排样参数设置时设置共边零件的间距。

共边零件间距的设置如下：

单击"排样"菜单栏，再单击"排样"命令，在弹出的排样设置对话框中设置零件共边间距的值，如图 6.35 所示。

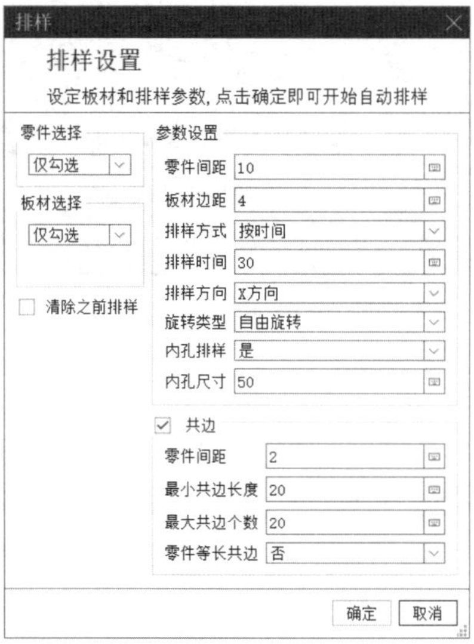

图 6.35　排样设置对话框

2. 一般添加流程

在自动排样完成后，双击打开共边排好的板材，选择目标零件，添加工艺参数，再次单击"常用"菜单栏下的"共边"命令，选择共边类型。共边类型分为智能共边、"C"形共边、环形共边、矩形共边和圆弧共边，如图 6.36 所示。

图 6.36　共边

（1）智能共边

智能共边是最常用的共边类型，该类型可实现零件多重嵌套共边切割，当共边路径不合理时，可以选择是否从新路径优化。可以在共边排样的过程中选择共边路径的优化方式，也可在共边之前先对整版零件进行手动排序，共边时再选择是否从新路径优化。操作方式为：

直接单击"共边"命令，弹出"智能共边"对话框，在对话框中进行参数设置，如图 6.37 所示。

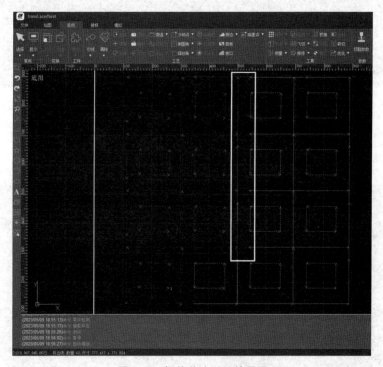

图 6.37　"智能共边"对话框

其中，"启用过切"是指在切割前一个工件时，会提前把与该零件相交的零件的连接边先切割一部分，防止在切割与之相交的零件时在零件边缘起刀。因为如果前一零件已经切割完成，并且已经掉了或翘起，这时在板材边缘起刀很容易扎头或碰板，如图 6.38 所示。

图 6.38　智能共边过切效果图

"搭接长度"是指当零件共边切割设置了过切时，切割头在接刀的过程中一般会往切过的区域多切一点，即为搭接长度。设置搭接长度是因为在切割厚板时，由于板材受热膨胀或因为应力的影响可能会导致接刀点不对，所以要往切割的区域多切一点。"搭接长度"设置为正数时，为多切，设置为负数时，为少切，即在轮廓末尾位置留一个不切割区域，防止零件掉落，适用于薄板，如图 6.39 所示。

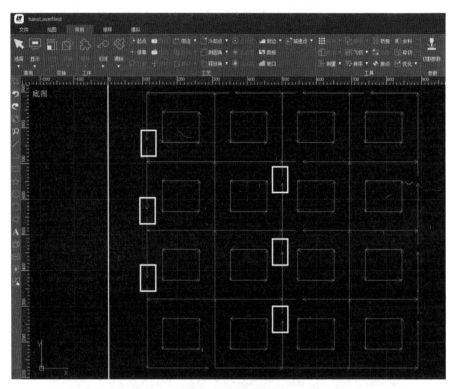

图 6.39　智能共边搭接效果图

　　"启用缺口"有点类似于"微连"，即在共边过程中在零件末尾位置添加一个不切割区域的缺口，防止零件掉落或翘起而导致碰板，如图 6.40 所示。

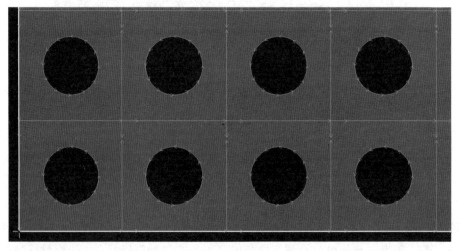

图 6.40　共边缺口

"自动调整引线"是指当引线工艺添加不合理时，在执行共边功能时会自动对引线进行调整，使用共边引线切割时不会对零件产生干涉，如图 6.41 和图 6.42 所示。

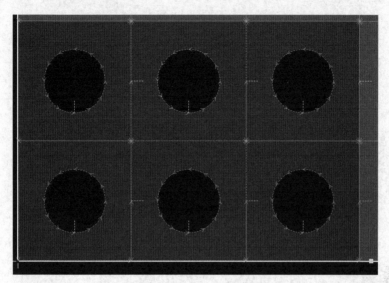

图 6.41　共边前引线

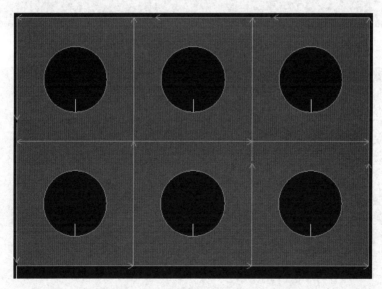

图 6.42　共边后引线

（2）"C"形共边

"C"形共边是指在切割第一个零件时，不完整切割下来，在切割下一个或下一排时，把上一个或上一排的零件切割下来，防止零件变形，但是穿孔数量会更多，如图 6.43 所示。

（3）环形共边

环形共边是指将共边的零件当成一个整体，把共边的零件内轮廓和共边线先切完，最后再切不共边的外轮廓，同时也可以实现孤岛切割，如图 6.44 所示。

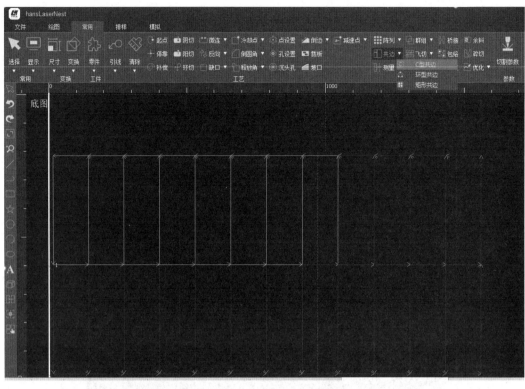

图 6.43 "C"形共边

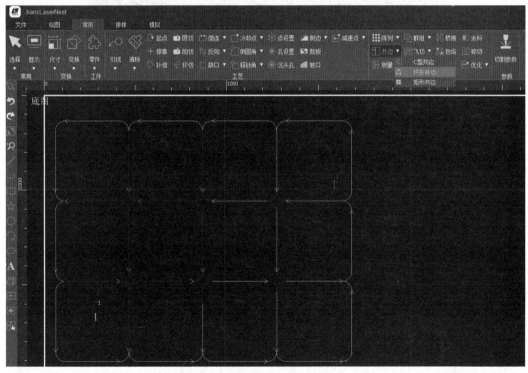

图 6.44 环形共边

（4）矩形共边

矩形共边只适合矩形零件，是针对矩形做的一个共边路径。矩形共边共分为 5 种共边样式，分别为：横平竖直、蛇形、阶梯形、外框最先、外框最后，如图 6.45 所示。

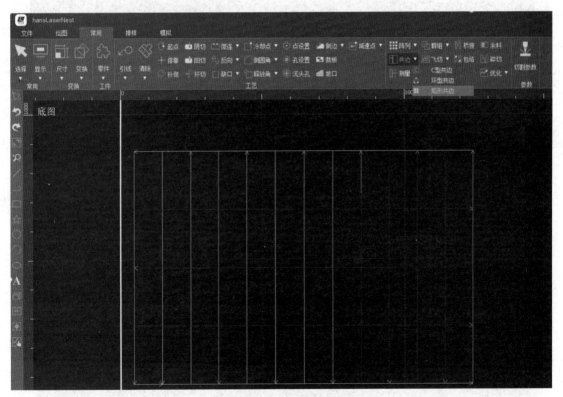

图 6.45 "矩形共边"对话框

横平竖直切割路径如图 6.46 所示。

图 6.46 横平竖直切割路径

蛇形切割路径如图 6.47 所示。

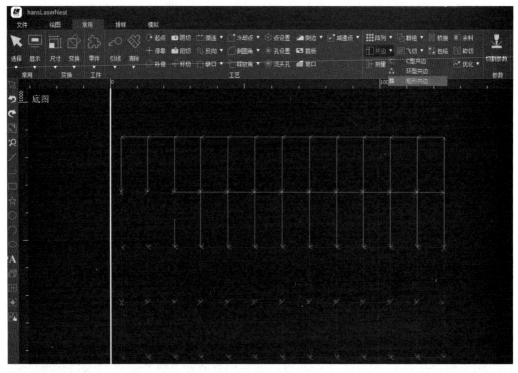

图 6.47　蛇形切割路径

阶梯形切割路径如图 6.48 所示。

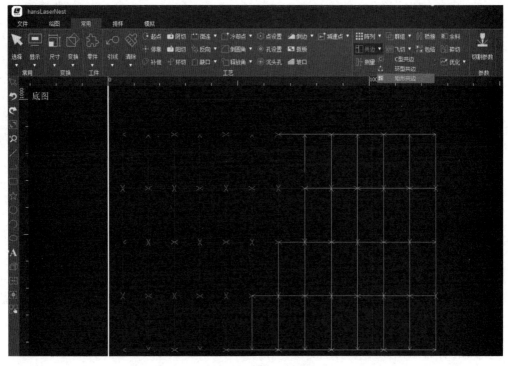

图 6.48　阶梯形切割路径

外框最先切割路径如图 6.49 所示。

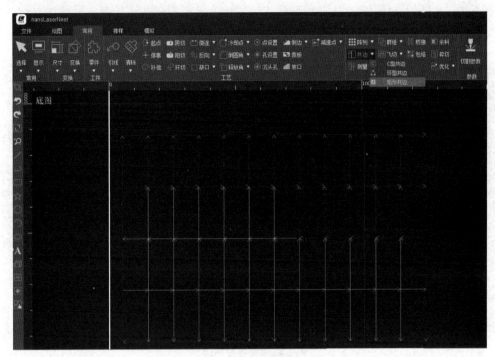

图 6.49　外框最先切割路径

外框最后切割路径如图 6.50 所示。

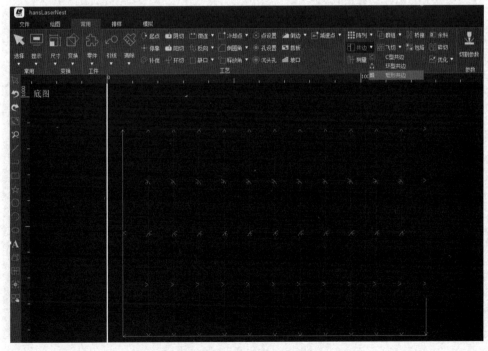

图 6.50　外框最后切割路径

（5）圆弧共边

圆弧共边包括不封闭圆弧共边和整圆共边两种情况。圆弧共边的前提是两段共边的圆弧必须同心且半径一致（长度可以不一样），如图 6.51 所示。

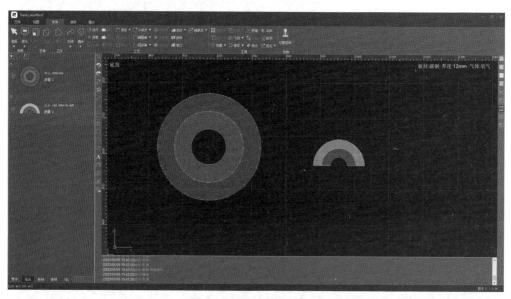

图 6.51　组合零件排样

圆弧共边切割路径如图 6.52 所示。

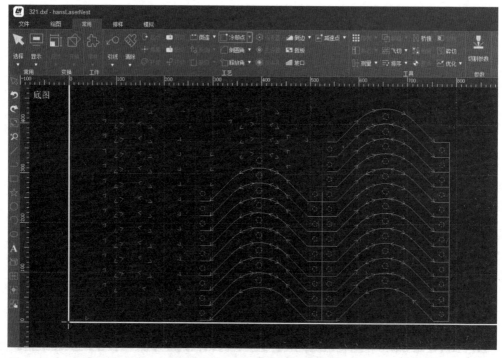

图 6.52　圆弧共边切割路径

整圆共边切割路径如图 6.53 所示。

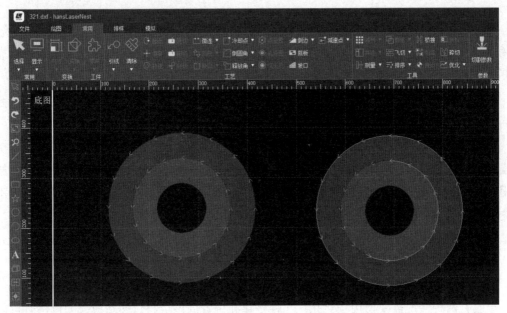

图 6.53　整圆共边切割路径

任务 6.6　激光喷膜/除锈和预穿孔

喷膜/除锈和预穿孔是非常重要的两个功能。两个功能的设置都在软件的"模拟"菜单的"常用 NC 设置"中，如图 6.54 所示。

图 6.54　喷膜/除锈和预穿孔

1. 喷膜/除锈

当加工板材表面有膜或有锈时，为了不让镀膜和锈影响板材的加工质量，就会使用喷膜/除锈功能。使用喷膜/除锈功能的加工路径为：机床先调用"烧膜层"的工艺参数对板材表面需要加工的路径进行喷膜/除锈，然后再进行切割加工。

如图 6.54 所示，使用喷膜/除锈功能需要勾选"烧膜"，勾选之后喷膜/除锈功能就会被激活，对应的参数就可以设置了。

喷膜/除锈和切割之间的顺序有两种：整版喷膜/除锈后再切割（按整版）、以零件为单位喷膜/除锈（按零件）。从加工路径的效率来看，一边喷膜/除锈一边切割的路径最长，一般不使用，整版喷膜/除锈后再切割和整版共边切割一样，容易出现切割到最后一些零件接刀不正确的情况，所以一般推荐使用以零件为单位喷膜/除锈。

在切割时喷膜/除锈调用的是"烧膜层"的工艺参数，打标使用的是"打标 1"的工艺参数。

2. 预穿孔

一般有两种情况需要使用预穿孔：一种是穿孔位置周围板材过热造成起刀过烧时可以使用预穿孔，即先将孔穿完再返回切割，可以让最先穿孔的位置有冷却的时间；另一种是穿孔时的熔渣在孔周围堆积无法正常切割，此时就可以使用预穿孔，待所有的孔穿完再对穿孔进行挂渣处理，然后再进行切割。

使用预穿孔功能需要勾选"预穿孔"，如图 6.55 所示。

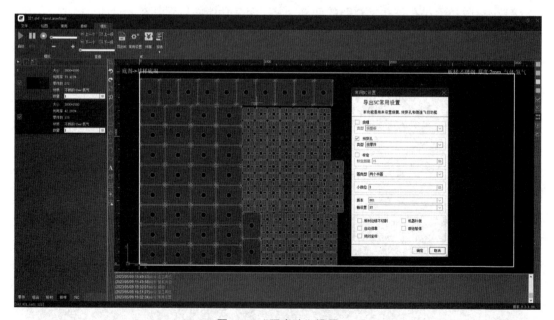

图 6.55 "预穿孔"设置

预穿孔的方式有两种："按板材"和"按零件"。

"按板材"为整版预穿孔。使用整版预穿孔时可以设置穿孔结束后切割头移动到指定的位置，然后让机床停止。这种方式比较适合穿孔后刮渣处理。切割头停止的坐标一般可以设置为板材尺寸的值，如 3 000 mm×1 500 mm 的板材，坐标就设置为 X3 000、Y1 500。

"按零件"是最常用的一种预穿孔方式，因为整版预穿孔和整版共边切割一样，都存在加工路径接不上的问题，在加工过程中板材受热会产生热变形，如果热变形过大，切割的位置就会对不上，严重时会造成工件报废。

任务 6.7　余 料 切 割

在实际的生产情境下，有时一张板材在使用时未能完全利用，会留下很大的一块余料，如图 6.56 所示。余料还可以加工成别的零件，但是余料带着已加工的部分又不便于保存，此时就需要将已加工过的部分切掉，只保留未加工的部分，有时候还需要将余料裁剪成小块，以便存放。

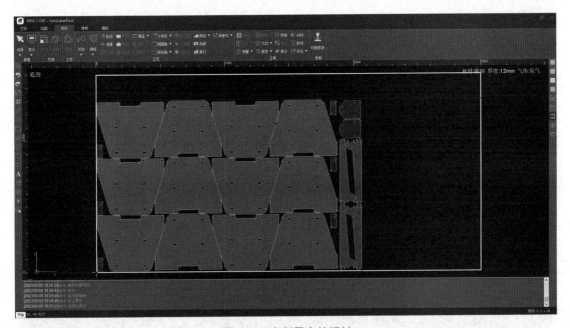

图 6.56　未利用完的板材

余料分割，如果使用切割机、等离子、火焰切等加工会比较难，边缘的垂直度很难保证。如果在零件加工完成后使用激光来进行余料切割就会方便很多。进行余料切割时需要打开"余料"命令，并进行参数设置。

单击"常用"菜单栏中的"余料"命令，就会进入"余料切割"对话框，即可进行参数设置，如图 6.57 所示。参数设置完毕后单击"确定"，即可生成余料线。其中，部分参数含义如下。

起刀长度：是指在板内离板材边缘多远的位置起刀。

图 6.57 "余料切割"对话框

超出长度：是指切出板外的长度。

间隔：是指余料线离零件的距离。

连接板材距离设置：是指当零件离板材边缘比较近时，使用精确余料命令时会生成很窄的余料，如图 6.58 所示，那个余料是没有必要的，这时就可以勾选"连接板材距离设置"选项，生成余料线时，会自动根据设定的值过滤掉窄边余料，如图 6.59 所示。

图 6.58 窄边余料

图 6.59　过滤窄边生成余料

添加余料切割线的方式有矩形切割余料和精准切割余料两种。

如图 6.60 所示，当加工的板材的零件按照图中的形式排布时，可以采用矩形切割余料方式进行设置。

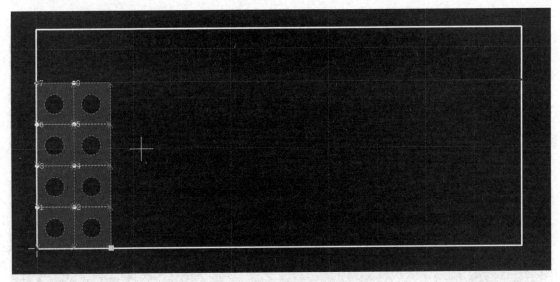

图 6.60　按照矩形切割余料生成余料线

如图 6.61 所示，当加工的板材的零件按照图中的形式排布时，可以使用精准切割余料方式进行设置。参数设置完成后，单击"确定"，会生成一块不规则的余料，如图 6.62 所示。

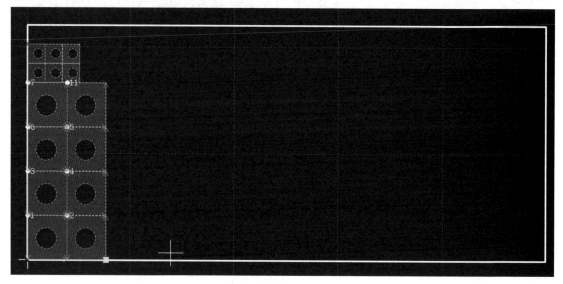

图 6.61　按照精准切割余料生成余料线

　　余料可以被导出到板材库供下次排样使用（只有在排样完成并且生成余料线后才能导出至板材库）。

　　生成余料线后，右击鼠标，弹出命令选择对话框，选择"导出余料板材"命令即可，如图 6.62 所示。

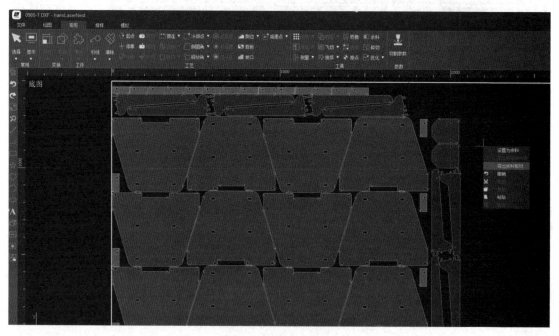

图 6.62　导出余料板材

如图 6.63 所示，单击左侧工具栏里的"板材"，可以预览导出的余料板材。

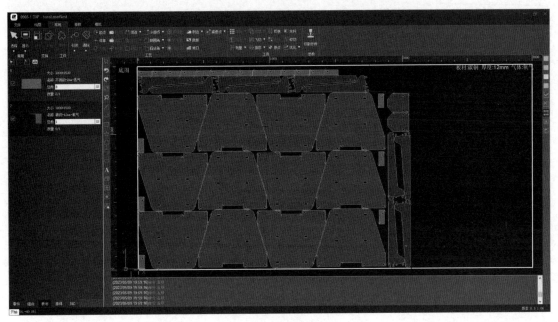

图 6.63 余料板材预览

课 后 习 题

一、填空题

1. 生成余料有两种方式，分别为_____、_____。

2. 角处理在软件中有 3 种方式，分别是：_____、_____和_____。

3. 自动排序的方式有：_____、_____、_____、_____、_____、_____和

_____。

4. 共边方式有_____种，分别是：_____、_____、_____和_____。

二、判断题

1. 如果设置最大角度为"105"，则在添加角处理时只会为小于或等于 105°的角添加角处理，大于 105°的角不做处理。（　　）

2. 环绕切角也称为外绕，适用于所有轮廓的加工。（　　）

3. "微连修改到起点处"是将微连接修改到起点的位置。（　　）

4. "预穿孔"可以分为按整版、按轮廓、按零件三种方式。（　　）

5. "冷却点"可以解决轮廓比较密集时，局部集中切割引起局部过热进而影响切割质量的问题。（　　）

6. 共边切割的工件引线只能添加或移动到零件的尖角处。（　　）

三、简答题

1. 使用 Han's LaserNest 软件为零件添加微连接有哪几种方式？

2. "路径优化"有哪几种实现方式？

3. 简要描述程序原点修改的步骤。

项 目 7

拓 展 功 能

项目描述

前面的项目介绍了为工件添加切割路径及优化切割路径的方法，本项目主要介绍几个使用软件过程中经常遇到的问题及其解决办法。例如：

① 在使用软件时会遇到在设置零件材质及厚度时没有找到对应的材质或厚度的问题，此时应该如何新建材质及厚度呢？

② 在导入零件之后发现零件的材质或者厚度设置错误，此时就需要更改零件的材质及厚度，那么怎么修改导入零件的材质及厚度呢？

③ 在使用软件过程中出现软件设置正确，生成的加工路径却未按照设置生成、软件出现异常报警等问题时应该如何解决？

通过本项目的学习，学生可以了解并掌握软件基本设置修改、新建和修改材质及厚度的方法、问题报告生成的方法及加工报告的设置等。

任务 7.1 软件基本设置

1. 语言设置

如图 7.1 所示，单击"文件"菜单栏下的"语言"，可以进行语言设置。软件包含中文、英文，国内一般使用中文。

2. 计量单位

如图 7.2 所示，单击"文件"菜单栏下的"用户设置"，可以进入"图形处理"界面，在"图形处理"界面可对软件的计量单位［公制（mm）和英制（in）］进行切换，国内一般使用"公制"。

图 7.1　语言设置

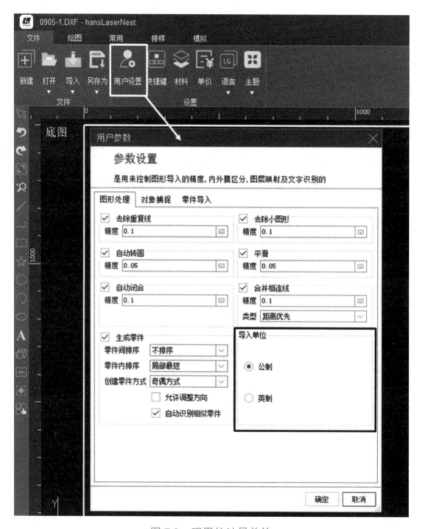

图 7.2　现用的计量单位

3. 背景颜色

如图 7.3 所示，单击"文件"菜单栏下的"主题"，可以选择界面的颜色。

图 7.3　背景颜色设置

如图 7.4 所示，上图为暗色背景的图形显示窗口，下图为默认彩色背景的图形显示窗口。

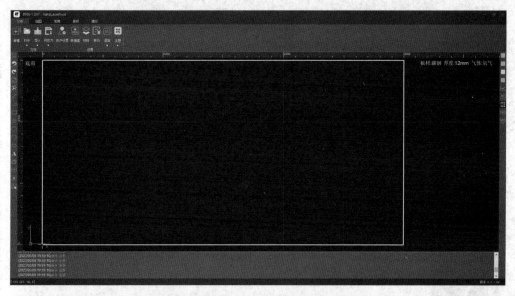

图 7.4　图形显示窗口

4. 工具栏设置

如图 7.5 所示，双击两侧菜单栏的空白处即可弹出"工具栏"对话框，用户可在此对话框中对左侧或右侧工具栏的功能进行添加、删除等操作。

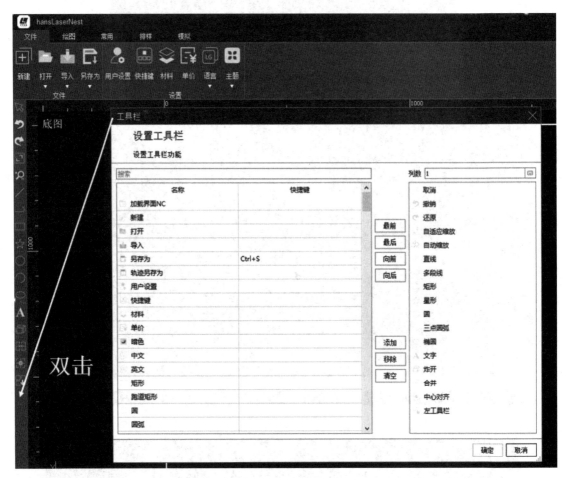

图 7.5　工具栏设置

任务 7.2　机 型 设 置

使用软件时有时会遇到需要更改机型的情况。机型选择是在"模拟"菜单栏下的"常用设置"界面中进行的。如图 7.6 所示，当前支持的机型有 701、801、901，用户可根据需要自行选择，不同的机型导出的 NC 程序也是不同的，不可以互用。

加工范围设置：用户可以双击视图窗口内的白色边框，软件会弹出板材大小设置对话框，如图 7.7 所示。

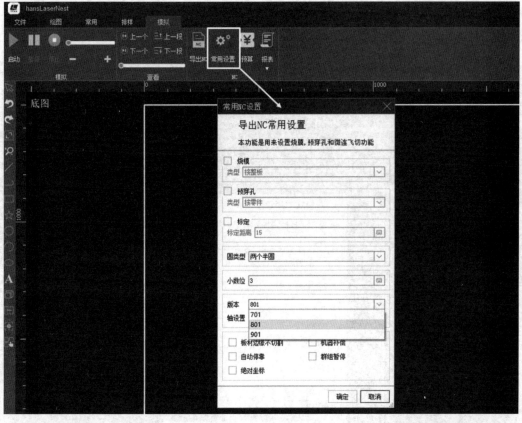

图 7.6 机型设置

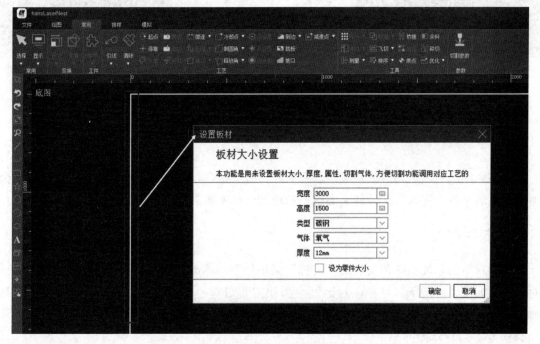

图 7.7 板材大小设置对话框

编程坐标系设置：用户可以根据实际情况选择机床的坐标系，其中"XY"对应的是 X 为横轴、Y 为纵轴，"YX"对应 Y 为横轴、X 为纵轴，如图 7.8 所示。

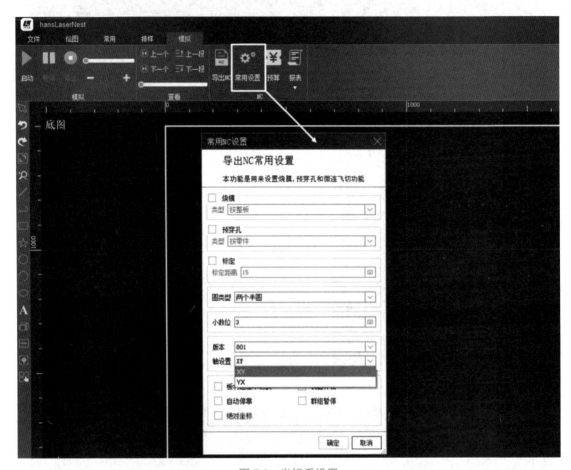

图 7.8　坐标系设置

任务 7.3　材质类型及厚度新增设置

在实际生产中，用到的材料类型及板材厚度种类很多，而软件本身预设的材质及厚度类型可能不满足生产需求，这时就需要自己新增加一些材质类型与厚度。

1. 材料库

新建材质与厚度功能在软件的"文件"菜单栏下，单击"材料"命令，会弹出设置材料对话框，如图 7.9 所示。可在该对话框中添加需要切割的材料类型、使用的切割气体及材料厚度等。设置完成后，新建的板材、零件材料类型、切割参数、材料单价等和材料有关的参数都会与材料库匹配上。

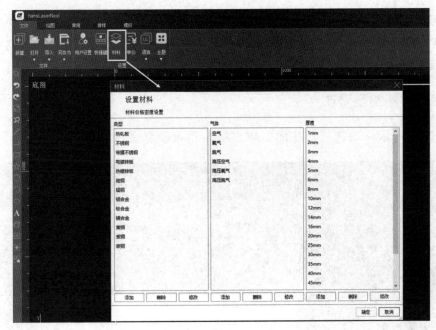

图 7.9 设置材料对话框

2. 零件导入材料设置

零件导入默认材料设置，是指在导入零件时，给导入的零件默认一种材料。设置方式为：单击"文件"菜单栏下的"用户设置"命令，弹出"用户参数"对话框，如图 7.10 所示。

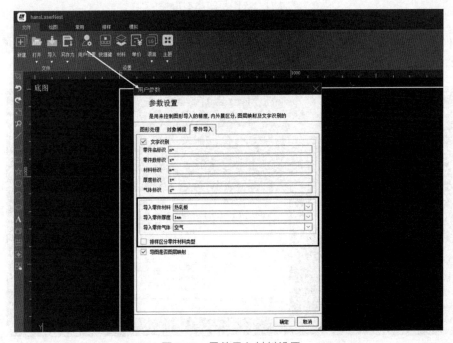

图 7.10 零件导入材料设置

通过设置零件导入材料，在零件导入到零件库时软件会自动设置零件的材料类型、厚度及所用切割气体。在勾选"排样区分零件材料类型"选项后，排样时只有与板材材料、厚度相同的零件才会排到一起。

3. 底图材料类型修改

如图 7.11 所示，双击工作底图区域白框，即可设置底图的材料类型。

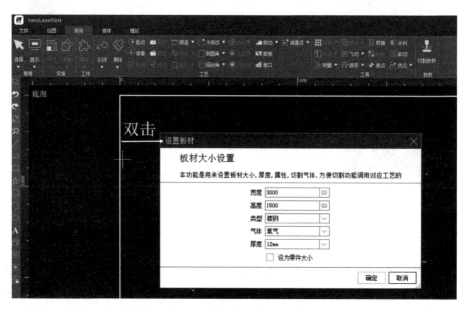

图 7.11　底图材料类型设置

在板材库空白处右击鼠标，选择"新建板材"命令，弹出"新建板材"对话框，可对板材尺寸、厚度、切割气体及数量等参数进行设置，如图 7.12 所示。

图 7.12　"新建板材"对话框

任务 7.4 预　　算

预算功能是用来报价的，可根据每个切割层的切割长度、穿孔数量进行报价，也可以对板材的价格进行计算，但是要提前设置好板材的密度和单价。"文件"菜单栏中的"单价"命令就是用来设置材料密度和单价的（按重量计算），并且"报价"命令的材料和"文件"菜单栏中的材料库是关联在一起的。所以，如果要对材料进行报价，首先要完善"文件"菜单栏下的材料库，如图 7.13 和图 7.14 所示。

图 7.13 "报价"对话框

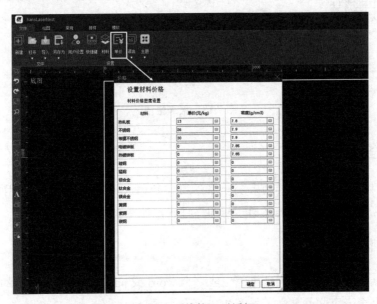

图 7.14 "价格"对话框

任务 7.5　报　告　设　置

加工报告在"模拟"菜单栏下，单击"报表"就可以看到有 3 种生成报表的模式可供选择。

1. 导出整版报表

导出整版报表是指对窗口显示的整版图形生成加工报表。操作方式为：单击"报表"命令的下拉按钮，选择整版报表功能，会弹出报表导出位置选择与报表格式选择对话框，可以生成 word 和 pdf 两种格式的报表。在生成报表的同时，会生成加工程序，同时在报表中会生成该加工程序的二维码，以便扫码加工，如图 7.15 所示。

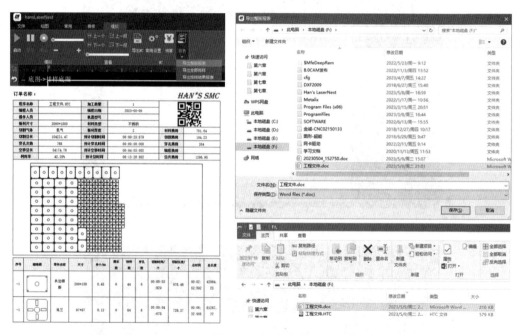

图 7.15　报表生成

2. 导出全部排样

导出全部排样会将所有排样结果统一保存到一个 word 或 pdf 文件中，并且每个排样结果会生成一个加工程序和与加工程序相匹配的二维码，如图 7.16 所示。

3. 导出排样结果

导出排样结果会将每个排样结果都生成一个 word 或 pdf 文件，以及对应的加工程序，并将所有文件保存至一个文件夹中，如图 7.17 所示。

订单名称：

HAN*S SMC

编程人员		编程日期	2023-05-09
操作人员		机器型号	
板材总数	2	排样零件总数	400
子套餐总数	2	订单零件总数	20
加工总费用	307.61	加工总时间	00:29:44:909
切割总长	308809.5	总穿孔数	2400

排样列表：

序号	缩略图	板材尺寸	余料尺寸	厚度	材质	长度	穿孔数	加工时间	NC文件名	二维码	数量	利用率	总费用
1		2982.78*1492.15	25.5*44.14	2	不锈钢	204878.03	1632	00:20:19:030	dwfewf_1		1	73.42%	2427.53
2		1631*1440	200*150	2	不锈钢	104231.47	768	00:09:25:879	dwfewf_2		1	42.28%	1296.96

零件列表：

序号	缩略图	零件名称	尺寸（mm）	数量	穿孔次数	总切割长度
-1		农机外部构件	170.72*160	100	9	1142.74
-1		法兰	97*97	100	6	783.57
-1		压纸零件	44.14*25.5	100	2	221.68
-1		共边排纸	200*150	100	6	1001.4

零件分布情况表：

图 7.16 导出全部排样

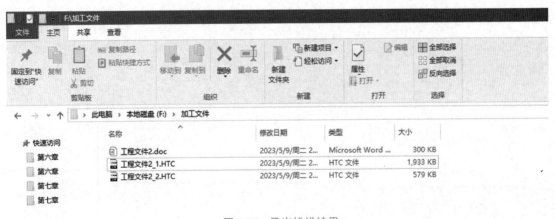

图 7.17 导出排样结果

课 后 习 题

一、填空题

1. Han's LaserNest 软件的菜单栏有_____个，分别是：_____。

2. Han's LaserNest 软件的机器设置在_____菜单栏下。

3. 新建材质和厚度功能在 Han's LaserNest 软件"____"菜单栏下的"____"下。

二、判断题

1. 如果导出 NC 文件的后缀名选择"HTC"，则程序后缀名为".NC"。（　　　）

2. 材料库更新后，报价功能中的材料会同步更新。（　　　）

3. 双击视图窗口的白色边框，可以修改机床的加工幅面。（　　　）

4. 加工报价可分为两种格式。（　　　）

三、简答题

1. 如何新建一个板材？

2. 如何修改零件材料类型？

3. 简要描述 Han's LaserNest 软件中单个整版报告导出的步骤。

激光切割软件
（Han's LaserNest）实训

项目 8

单个零件案例

项 目描述

只有熟练掌握软件的功能，才能应对生产过程中的各项任务。在实际操作情景下，软件的各项功能只是我们达成任务目标的手段，在进行编程之前还有非常重要的一步，那就是对加工任务进行分析。在实际生产情景下，还会出现对程序路径进行再次编辑的情况，也就是结合生产情景来不断优化程序。单个零件加工路径的添加是零件整版加工的基础，也存在对单个零件生产加工的情况。所以具备在 Han's LaserNest 环境下进行单个零件编程的能力是一个编程人员必须掌握的技能。

本项目主要讲解针对单个零件进行编程的两个案例：一个是针对工艺品零件的编程，另一个是针对普通零件的编程。通过本项目的学习，可以让学生学会分析任务，具有选择软件功能的意识，并且在进行零件编程时能够熟练、灵活地应用软件功能。

任务 8.1 工艺品切割编程

1. 任务分析

如图 8.1 所示，需要编程的图形为工艺品零件。工艺品零件一般作为装饰使用，零件内部可能存在封闭和不封闭的轮廓，内轮廓可能需要切割或者打标，且内轮廓会存在细小不规则轮廓。图 8.1 中小提琴零件的加工要求如下。

① 使用 1 mm 厚的不锈钢材质加工，不锈钢表面无需除锈，若有需要镀膜则要进行喷膜。

② 零件内部有两个圆形轮廓和若干条未封闭直线。部分未封闭轮廓要求打标或者切割。因为需要切割和打标的直线穿过了圆孔，所以切割时要先加工未闭合直线，再切割圆孔（在 CAD 中将穿过圆孔的直线部分删除也可以）。

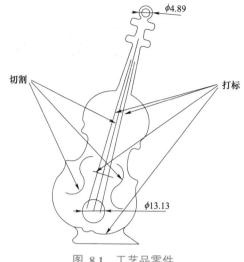

切割

打标

$\phi 4.89$

$\phi 13.13$

图 8.1 工艺品零件

③ 单个零件加工时一般不使用寻边，使用寻边需要设置零件到板材边缘的距离，手动对刀使用"板材设为零件大小"。

④ 要考虑零件加工完成后是否会翻转，从而影响切割头移动；零件是否会掉落废料车。在编程时要考虑在零件合适的位置添加适当数量的微连接。

2. 任务目标

① 导入零件：材质为不锈钢，厚度为 1 mm。

② 所有闭合轮廓全部分在切割层 1。

③ 需打标的未闭合实线轮廓设为打标层。

④ 无需打标的未闭合实线轮廓设为切割层。

⑤ 该零件为工艺品，无需设置引入引出线。

⑥ 该零件为工艺品，采用无补偿切割。

⑦ 外轮廓起刀位置需加入长 0.5 mm 的微连接。

⑧ 设置板材大小为"板材设为零件大小"。

⑨ 模拟并生成加工程序。

⑩ 把加工程序或工程文件保存到指定位置。

3. 任务实施

（1）打开零件

在"文件"菜单栏下，单击"打开"命令，找到零件所在文件夹并选择好加工零件，视图窗口即出现零件图形，如图 8.2 所示。

（2）零件检查

对打开的零件进行编辑，需将图形进行错误检查及修复，将不需要加工的文字、线条删除。零件修复完成后如图 8.3 所示。

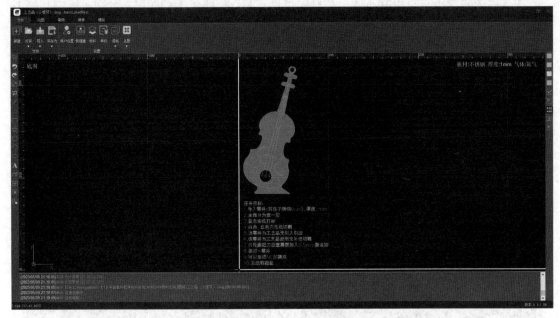

图 8.2 打开零件

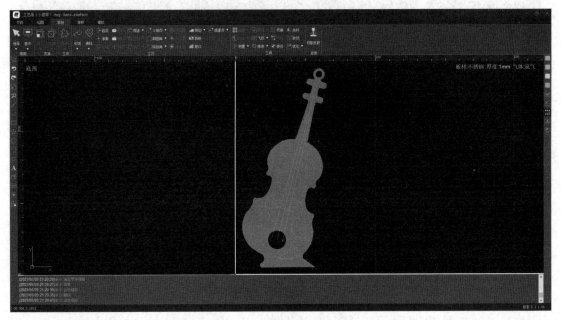

图 8.3 零件修复

（3）设置板材材质、厚度及切割气体

双击视图窗口内的白色边框，弹出"板材设置"对话框，可以设置板材材料属性、厚度及切割气体，材质设置为不锈钢，厚度设置为 1 mm 即可，如图 8.4 所示。

（4）切割图层设置

在软件的右侧工具栏中共有 4 个切割层可以选择，从图层 1 到图层 4 分别对应切割层 1、切割层 2、切割层 3、打标层。双击零件进入零件编辑状态，将需要设置的轮廓选择好，再单击对应的图层，便完成了切割图层的设置，如图 8.5 所示。

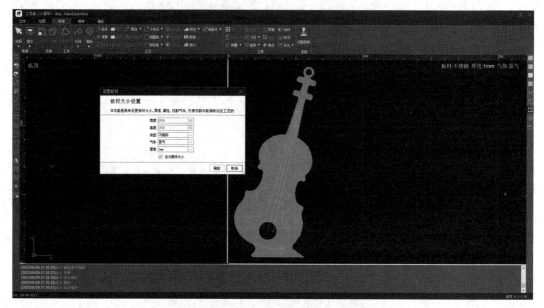

图 8.4　板材设置

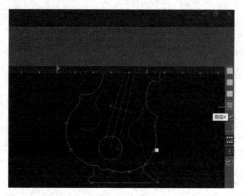

图 8.5　图层设置

（5）切割参数设置

选择好图形后，在"常用"菜单栏下，单击"切割参数"命令，弹出"切割参数设置"对话框，可以在此设置相关的工艺参数。该零件为工艺品，无需引线，故将内轮廓或外轮廓前的勾选框取消。若没有使用"引线"命令，上方的引线字样将由红色变为黑色，其他切割参数也是如此，如图 8.6 所示。

在此页面单击"补偿"后，便可对补偿的参数进行修改，该零件使用无补偿切割，所以取消"补偿"前的勾选框即可，如图 8.7 所示。

单击"微连",勾选外轮廓,选择添加方式为按数量进行添加,类型为普通微连,数量选择 1,输入微连长度为 0.5 mm,并勾选"修改起点到微连处",如图 8.8 所示,设置完成后单击"确定"。

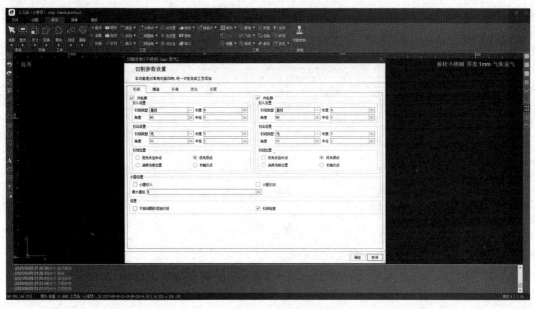

图 8.6　引线设置

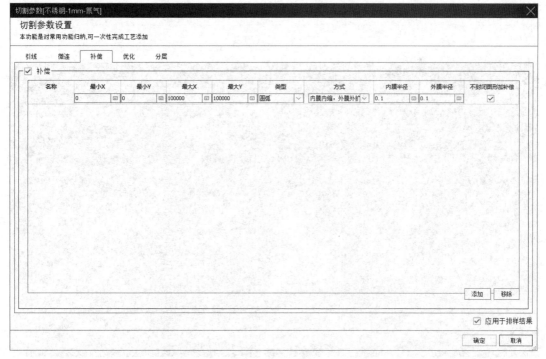

图 8.7　补偿设置

（6）模拟

在"模拟"菜单栏下，直接进行模拟，可以启动、暂停、停止，并可以调节模拟运行的速度，如图 8.9 示。

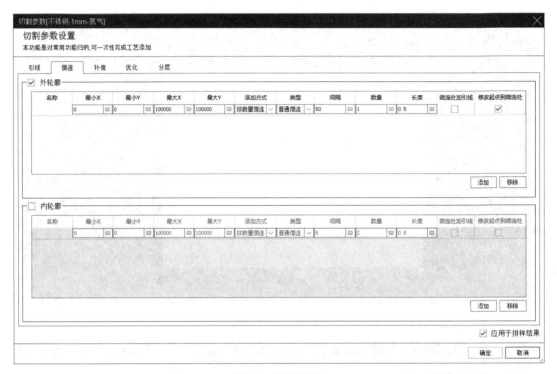

图 8.8　微连设置

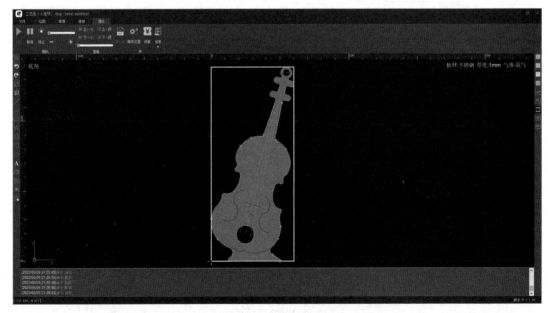

图 8.9　加工模拟

（7）生成加工程序

在"模拟"菜单栏下，单击"导出 NC"命令，可对导出的文件的保存位置、文件名称进行设置，如图 8.10 所示。

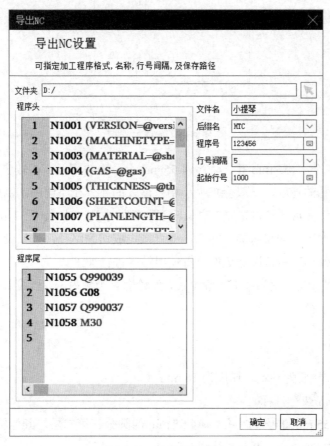

图 8.10　导出 NC 设置

（8）上传加工程序或工程文件

将加工程序或工程文件上传至设备端，进行生产加工。

任务 8.2　普通工件切割编程

1. 任务分析

如图 8.11 所示，需要加工的图形为一个普通工件。普通工件一般当作组装的零件使用，在加工时对零件的尺寸精度有要求。对图 8.11 中工件的加工要求如下。

① 使用 16 mm 厚碳钢板加工。

② 零件内"HAN☆S LASER"为打标内容。

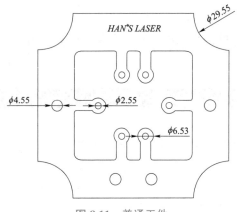

图 8.11 普通工件

③ 零件内有 6 个 ϕ2.55 mm 孔、4 个 ϕ4.55 mm 孔、内轮廓及一些较窄的矩形轮廓。加工时为了保证每种小孔的精度，一般会把大小相差过大的孔分在不同的切割层，且为了防止加工窄长内轮廓时工件变形，需要先加工窄长轮廓顶端的小孔。针对 ϕ2.55 mm 的小孔，需要判断设备是否有能力加工，如果有能力加工，就直接生成切割路径，如果没有能力加工，就进行标记处理，待零件加工后依照标记的位置使用钻床进行加工。

④ 圆形内轮廓引线长度为圆形轮廓半径，外轮廓 4 个角内凹，引线要添加在拐角位置且半径小于内凹圆弧半径。

2. 任务目标

① 导入零件：材质为碳钢，厚度为 16 mm。

②"*HAN✰S LASER*"打标。

③ 分层：ϕ2.55 mm 的圆为小孔，ϕ4.55 mm 的圆分在第二层，其他轮廓分在第一层。

④ 第一层补偿 0.6 mm，第二层补偿 0.5 mm。

⑤ 在尖角添加"拐角暂停"。

⑥ 对 ϕ2.55 mm 的小孔进行标记处理，标记样式为十字，尺寸为 6 mm。

⑦ 外轮廓引线长 8 mm，左下角顺时针方向引入。

⑧ 设置预穿孔。

⑨ 零件到板材边缘的距离为 0.5 mm。

⑩ 生成加工程序或保存工程文件，并输出报告。

3. 任务实施

（1）打开零件

在"文件"菜单栏下单击"打开"命令，找到零件所在文件夹并选择好加工零件，单击"确定"，即可打开零件，如图 8.12 所示。

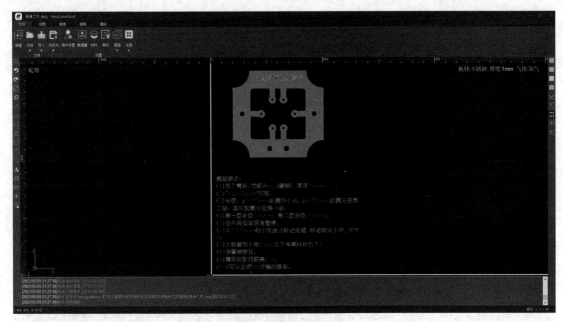

图 8.12　打开零件

（2）零件检查

对打开的零件进行编辑，需将图形进行错误检查及修复，将不需要加工的文字、线条删除。零件修复完成后如图 8.13 所示。

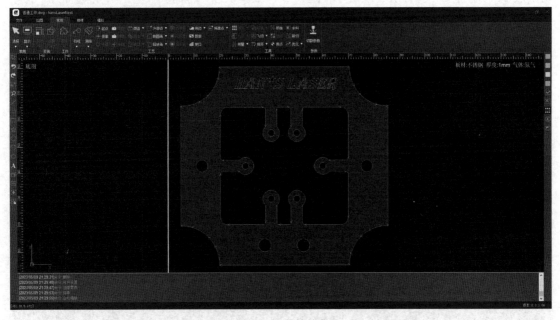

图 8.13　零件修复

（3）设置板材材质、厚度及切割气体

双击视图窗口内的白色边框，弹出"板材设置"对话框，可以设置板材材料属性、厚度及切割气体，材质设置为碳钢，厚度设置为 16 mm 即可，如图 8.14 所示。

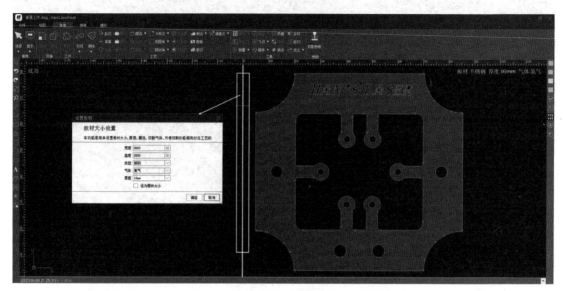

图 8.14　板材设置

（4）切割图层设置

在软件的右侧工具栏中共有 4 个切割层可以选择，从图层 1 到图层 4 分别对应切割层 1、切割层 2、切割层 3、打标层。双击零件进入零件编辑状态，将需要设置的轮廓选择好，再单击对应的图层，便完成了切割图层的设置，如图 8.15 所示。

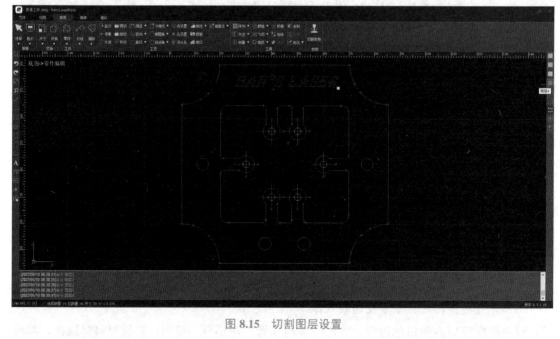

图 8.15　切割图层设置

（5）小孔设置

在设备上无法实现切割的小孔，可以用激光在小孔位置进行十字标记，以便车床进行二次加工。十字标记设置方式为：选择小孔，单击"孔设置"命令，弹出"孔设置"对话框，即可对孔参数进行设置，如图 8.16 所示。

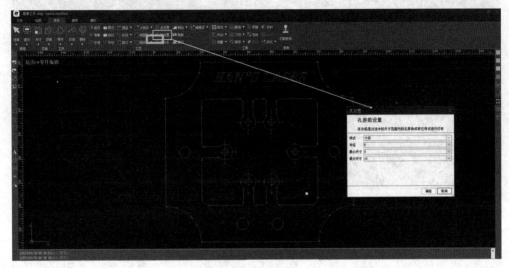

图 8.16　孔设置

（6）补偿设置

一定要选中轮廓或图形才可以进行补偿工艺设置。选择好图形后，在"常用"菜单栏下单击"切割参数"命令，弹出"切割参数设置"对话框，可以在此设置补偿参数，$\phi 4.55$ mm 的圆补偿 0.5 mm，其他轮廓补偿 0.6 mm，如图 8.17 所示。

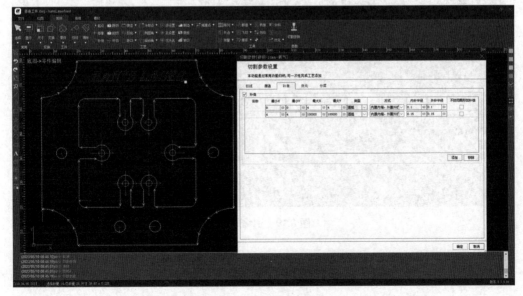

图 8.17　补偿设置

（7）尖角"拐角暂停"设置

选择带有尖角的轮廓，单击"冷却点"命令，设置好角度范围，单击"确定"，即可完成冷却点添加，如图 8.18 所示。

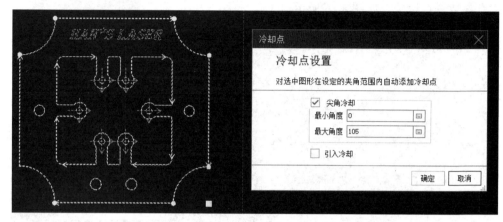

图 8.18　冷却点设置

（8）引线设置

选择外轮廓，单击"引线"命令，设置好引线长度，单击"确定"。如果引线位置不对，可使用起点功能，调整引线位置，如图 8.19 所示。

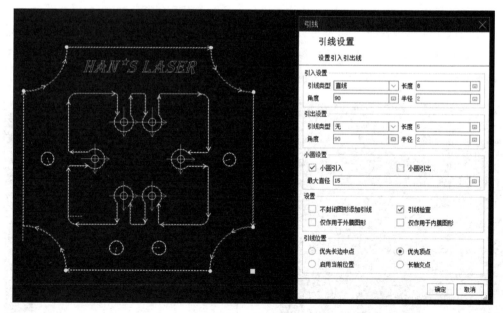

图 8.19　引线设置

（9）预穿孔设置

零件切割工艺设置完成后，单击"模拟"菜单栏下的"常用设置"命令，将预穿孔功能勾选上，并选择"按零件模式"预穿孔，如图 8.20 所示。

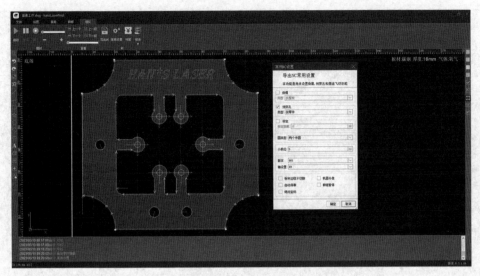

图 8.20 预穿孔设置

（10）板材边距设置

所有工艺设置完成后，可对零件进行停靠，即停靠到板材边缘，导出加工程序时，就会在板材边缘开始加工，板材停靠边距为 0.5 mm。设置方式为：在"排样"菜单栏下设置板材边距，如图 8.21 所示。

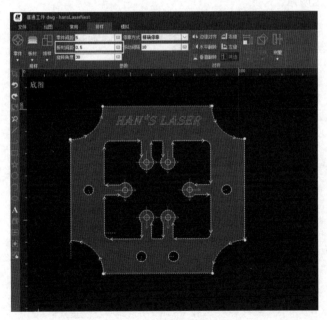

图 8.21 板材边距设置

（11）模拟

在"模拟"菜单栏下，直接进行模拟，可以启动、暂停、停止，并可以调节模拟运行的速度，如图 8.22 所示。

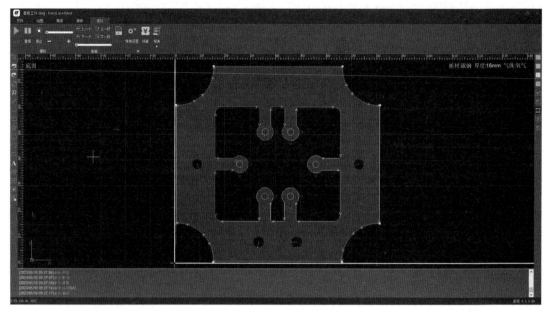

图 8.22　加工模拟

（12）生成加工程序

在"模拟"菜单栏下，单击"导出 NC"命令，可对导出的文件的保存位置、文件名称进行设置，如图 8.23 所示。

图 8.23　导出 NC 程序

（13）上传加工程序或工程文件

将加工程序或工程文件上传至设备端，进行生产加工。

课 后 习 题

1. 按以下要求加工如图 8.24 所示零件。

① 材质为不锈钢材质，厚度为1 mm。

② 成功导入零件。

③ 该零件为工艺品，无需设置引入引出线。

④ 该零件为工艺品，采用无补偿切割。

⑤ 全部分为第一层。

⑥ 外轮廓收刀位置需要加入 0.4 mm 的微连接。

⑦ 零件到板材边缘的距离为 0。

⑧ 生成加工程序。

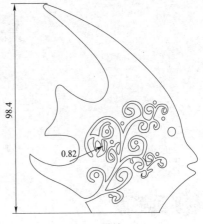

图 8.24　零件（一）

2. 按以下要求加工如图 8.25 所示零件。

① 材质为碳钢材质，厚度为 12 mm。

② 拐角使用冷却点。

③ 外轮廓为第一层。

④ 内轮廓 $\phi 4.8$ mm 圆为第二层。

⑤ 0.3 mm 小孔十字标记。

⑥ 标记尺寸为 3 mm。

⑦ 外轮廓引线长 8 mm，左下角顺时针引入。

⑧ 零件到板材边缘的距离为 2 mm。

⑨ 使用机器补偿。

⑩ 生成加工程序。

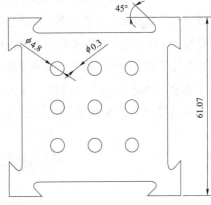

图 8.25　零件（二）

共边排样案例

在生产现场，激光加工普遍都是以整版的形式进行的。整版套料机床双工作台交替工作，可以极大地提升激光加工的效率，而且整版套料对板材的利用率高，可以节约加工成本。在单个零件编程时，仅需要考虑单个零件加工的各种影响因素，但在进行套料编程时，还需要整体考虑零件加工的各种状况。所以，编程人员在掌握软件的各种功能的同时还要了解激光加工的相关知识。

本项目通过对一个套料编程案例的讲解，让学生了解在实际生产中套料编程的流程，并结合现场情况分析案例的结果，让学生能熟练使用套料软件中的功能。

任务 9.1 共边排样编程

1. 任务分析

图 9.1 中的两个矩形零件为本任务要套料排样的工件。

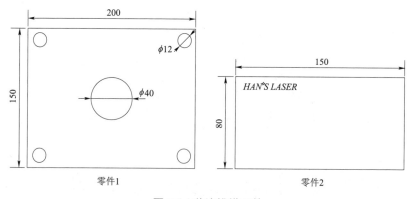

图 9.1 共边排样工件

① 零件 1 为 150 mm×200 mm 的矩形内轮廓，有 4 个 ϕ12 mm 的圆孔和 1 个 ϕ40 mm 的圆孔。

② 零件 2 为 80 mm×150 mm 的矩形内轮廓，有 "*HAN'S LASER*" 的文本需要打标。

③ 板材为若干张 1 220 mm×2 440 mm 的碳钢板。

④ 零件 1 要求加工 120 个，零件 2 要求加工 240 个。

⑤ ϕ40 mm 圆孔和 ϕ12 mm 圆孔分在不同的切割层。

⑥ 5 mm 厚碳钢不添加补偿时切割出来的工件误差为 0.2 mm。

⑦ 零件之间的安全边距为 5 mm。

2. 任务目标

① 成功新建项目。

② 材料为碳钢，厚度为 5 mm。

③ 有孔零件 120 个，无孔零件 240 个。

④ "*HAN'S LANSER*" 线条文本打标。

⑤ ϕ12 mm 小孔分在第二层，ϕ40 mm 小孔分在第一层，其他轮廓分在第一层。

⑥ 板材大小为 1 220 mm×2 440 mm，零件到板材边缘的距离为 7 mm。

⑦ 采用共边切割，补偿值为 0.2 mm。

⑧ 为未利用完的板材生成余料线。

⑨ 输出加工程序。

⑩ 输出加工报告。

3. 任务实施

（1）新建项目

打开 Han's LaserNest 软件，如图 9.2 所示。

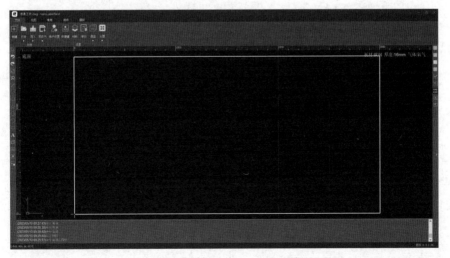

图 9.2 Han's LaserNest 软件界面

（2）导入零件

在零件界面下，在左侧工具栏空白处右击鼠标，弹出命令选择菜单，如图 9.3 所示。选择"导入零件"命令，弹出"零件选择"对话框，如图 9.4 所示。零件选择完成后，单击"确定"，进入零件数量设置界面，如图 9.5 所示。设置有孔零件 120 个，无孔零件 240 个，单击"确定"，即可完成零件导入。

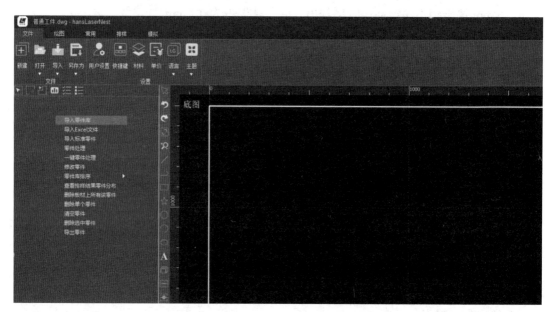

图 9.3 导入零件

图 9.4 "零件选择"对话框

（3）新建板材

零件导入完成后，在左侧工具栏空白处右击鼠标，弹出功能命令选择对话框，如图 9.6

所示。选择"新建板材"命令，弹出板材设置对话框，可对板材尺寸、材料类型、板材厚度、切割气体、数量等参数进行设置，如图 9.7 所示。板材参数设置完成后，单击"确定"，即可完成板材新建，如图 9.8 所示。

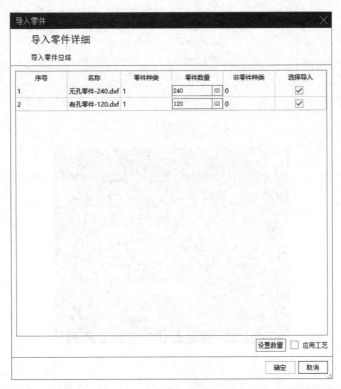

图 9.5　零件数量设置

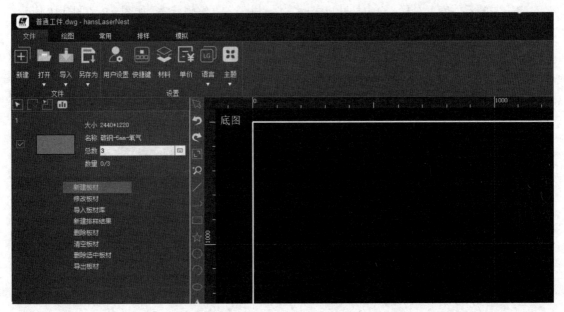

图 9.6　新建板材命令选择

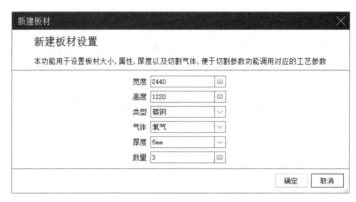

图 9.7 "新建板材"对话框

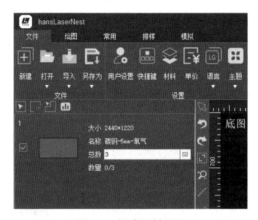

图 9.8 新建板材显示

（4）零件库零件工艺添加

单击左侧零件库工具栏，双击打开导入的零件，进入零件编辑状态，如图 9.9 和图 9.10 所示。

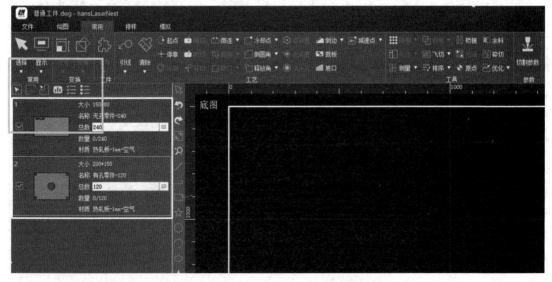

图 9.9 双击需要添加工艺的零件

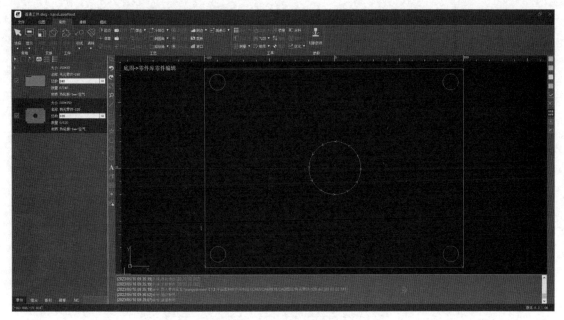

图 9.10　零件编辑界面

　　选择全部轮廓，单击"补偿"命令，弹出补偿参数设置对话框，设置补偿参数，给零件添加补偿，如图 9.11 所示。

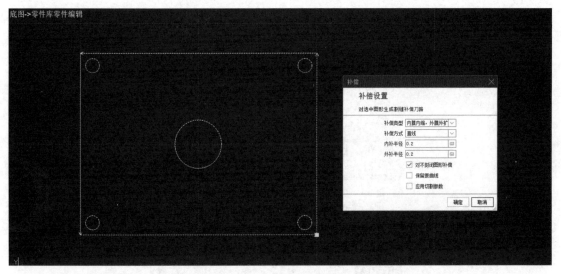

图 9.11　零件补偿设置

　　（5）自动排样（本次使用共边切割）

　　工艺添加完成后，单击"排样"菜单下的"排样"命令，弹出自动排样参数设置对话框，如图 9.12 所示。设置排样参数：排样方式选择"按时间"，排样时间设置为"60"，排样方向选择"X 方向"，旋转类型选择"自由旋转"，并勾选"共边"选项。

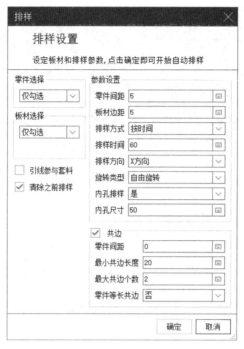

图 9.12　排样参数设置

排样参数设置完成后，单击"确定"，软件会自动进行排样，并可以查看排样预览图，如图 9.13 所示。

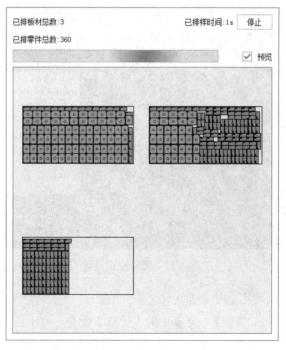

图 9.13　自动排样预览

从图 9.13 中可以看出总共用了 3 张板，排样完成后，软件会将排样结果存储到左侧排样结果栏，如图 9.14 所示。

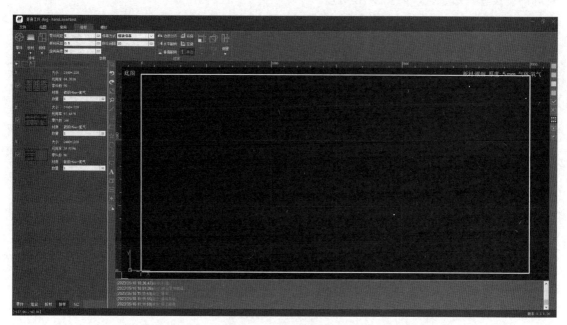

图 9.14　排样结果显示

双击排样结果，可将排样结果打开到视图窗口，如图 9.15 所示。

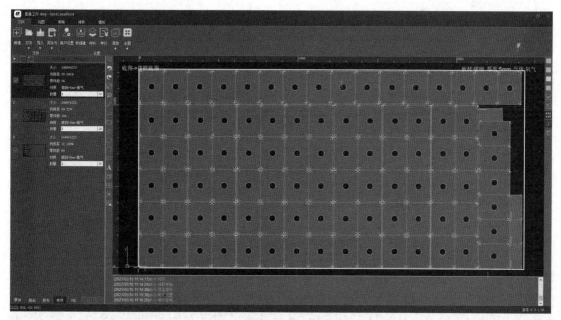

图 9.15　打开排样结果

（6）共边设置

打开排样结果后，选择全部图形，单击"共边"命令，弹出共边参数设置对话框，根据实际情况设置共边参数，如图9.16所示。

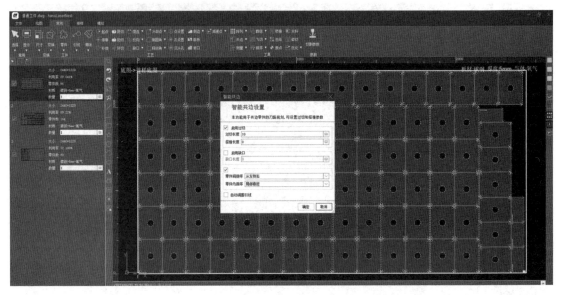

图 9.16　共边参数设置

（7）生成余料线

从图9.14可看出，第三张板材未全部用完，可对其生成余料线，并导出余料板材，如图9.17和图9.18所示。

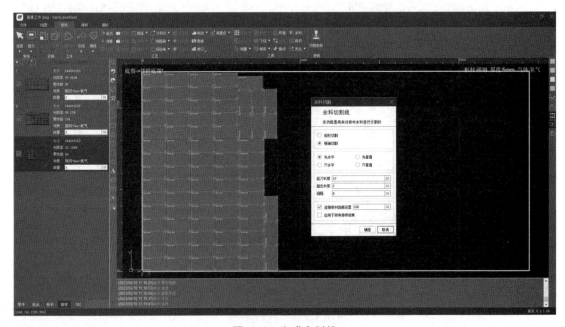

图 9.17　生成余料线

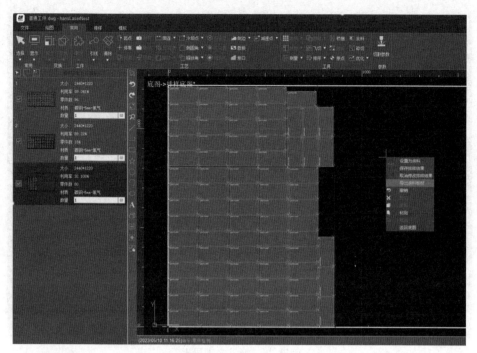

图 9.18　导出余料板材

（8）运行模拟

所有操作都完成以后，单击"模拟"菜单下的"加工路径模拟"命令，单击"启动"按钮，可对排样结果进行模拟加工，如图 9.19 所示。

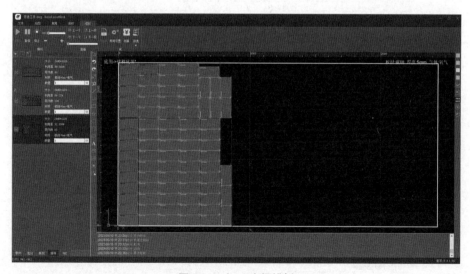

图 9.19　加工路径模拟

（9）生成加工报告

单击模拟"菜单"栏下的"报表功能"，可选择加工报表模式。选择排样结果报表模式，在导出加工报表的同时会生成 NC 程序，如图 9.20～图 9.22 所示。

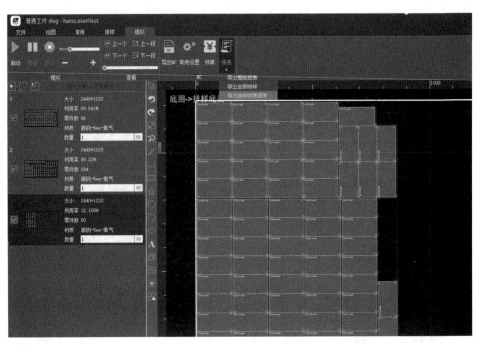

图 9.20　加工报表导出

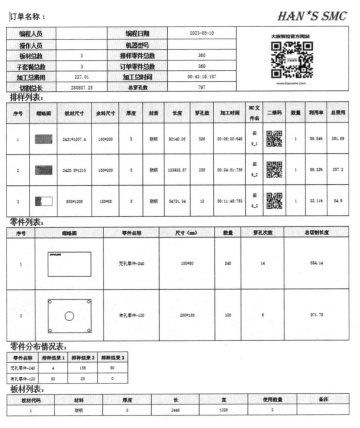

图 9.21　加工报表预览

图 9.22　NC 程序导出位置

任务 9.2　按间距排样编程

1. 任务分析

图 9.23 所示的两个零件为本任务要套料排样的工件。

① 零件 1 为 1 260 mm×938 mm 的椭圆形零件，内轮廓有 20 个腰圆孔和 6 个扇形孔。

② 零件 2 为 $R350$mm、$R200$ 扇形零件，有"不封闭直线"需要打标。

③ 板材为若干张 3 000 mm×1 500 mm 的碳钢板。

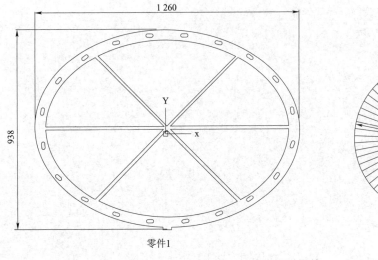

图 9.23　按间距排样零件

④ 零件 1 要求加工 2 个，零件 2 要求加工 4 个。

⑤ 腰圆孔和扇形孔分在不同的切割层。

⑥ 2 mm 厚碳钢不添加补偿时切割出来的工件误差为 0.1 mm。

⑦ 零件之间的安全边距为 4 mm。

2. 任务目标

① 新建工程。

② 材料为碳钢，厚度为 2 mm。

③ 零件 1 数量 2 个，零件 2 数量 4 个。

④ "不封闭直线"需打标。

⑤ 腰圆孔分在第二层，扇形孔分在第三层，其他轮廓分在第一层。

⑥ 板材大小为 3 000 mm×1 500 mm，零件到板材边缘的距离为 4 mm。

⑦ 采用不共边切割，补偿值为 0.1 mm。

⑧ 为板材生成碎切线。

⑨ 输出加工程序。

⑩ 输出加工报告。

3. 任务实施

（1）新建项目

打开 Han's LaserNest 软件，界面如图 9.24 所示。

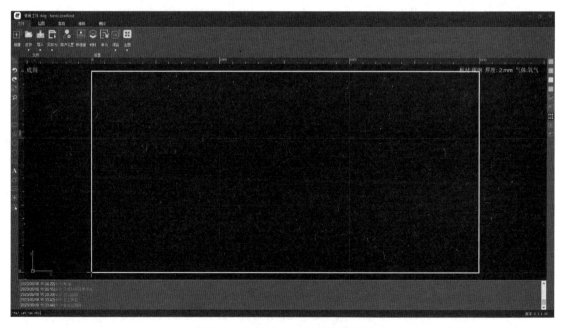

图 9.24 Han's LaserNest 软件界面

（2）导入零件

在零件界面下，在左侧工具栏空白处右击鼠标，弹出功能命令选择菜单，如图 9.25 所示。

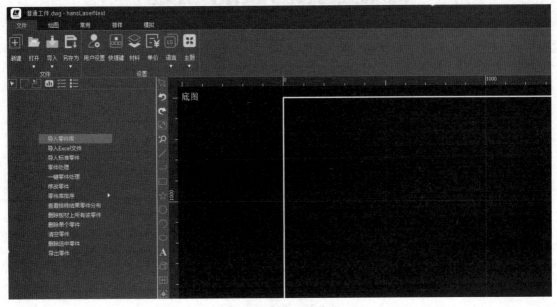

图 9.25　导入零件命令

选择"导入零件"命令，弹出零件选择对话框，如图 9.26 所示。零件选择完成后，单击"确定"，进入零件数量设置界面，如图 9.27 所示。设置零件 1 数量为 2 个，零件 2 数量为 4 个，单击"确定"，即可完成零件导入。

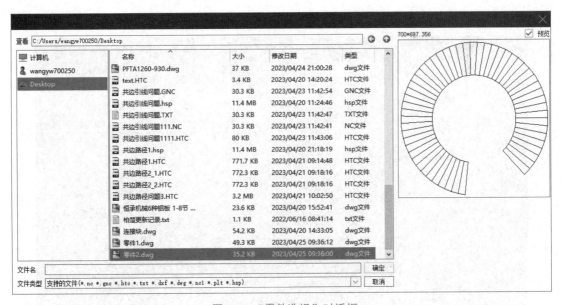

图 9.26　"零件选择"对话框

图 9.27　零件数量设置

（3）新建板材

　　零件导入完成后，在左侧工具栏空白处右击鼠标，弹出功能命令选择对话框，如图 9.28 所示。选择"新建板材"命令，弹出板材参数设置对话框，可对板材尺寸、材料类型、板材厚度、切割气体、数量等参数进行设置，如图 9.29 所示。板材参数设置完成后，单击"确定"，即可完成板材新建，如图 9.30 所示。

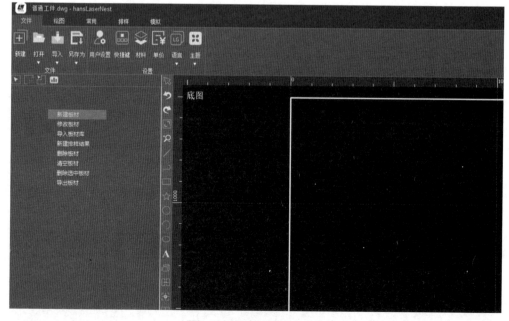

图 9.28　新建板材命令选择

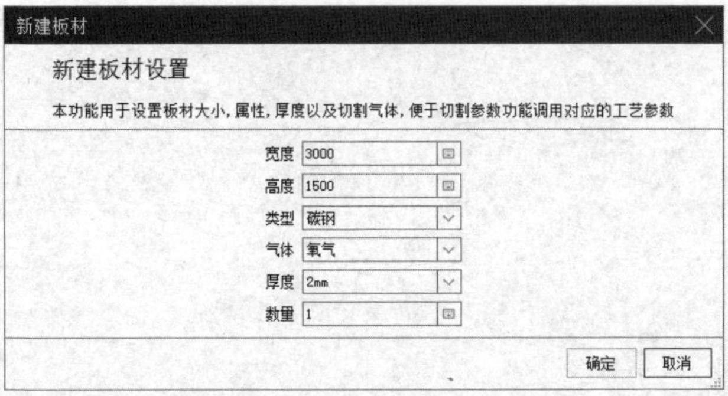

图 9.29　新建板材参数设置

图 9.30　新建板材显示

（4）零件库零件工艺添加

单击左侧工具栏，双击打开导入的零件，进入零件编辑状态，如图 9.31～图 9.32 所示。

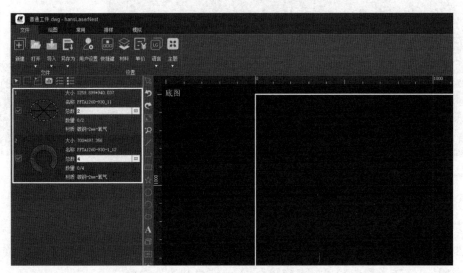

图 9.31　双击需要添加工艺的零件

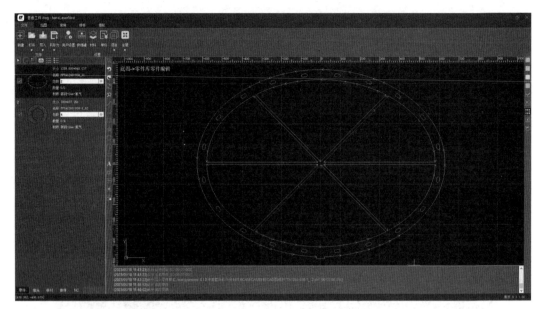

图 9.32　零件编辑界面

　　选择全部轮廓，单击"补偿"命令，弹出补偿参数设置对话框，设置补偿参数，给零件添加补偿，如图 9.33 所示。

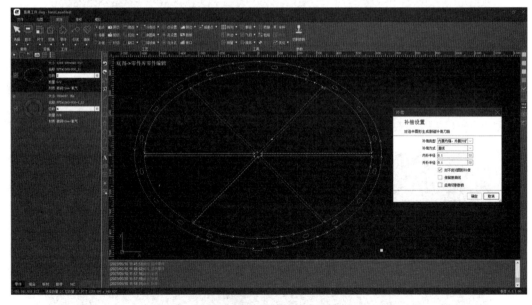

图 9.33　零件补偿设置

（5）自动排样

　　工艺添加完成后，单击"排样"菜单下的"排样"命令，弹出自动排样参数设置对话框，如图 9.34 所示。设置排样参数：排样方式选择按时间，排样时间设置为"60"，排样方向选择"X 方向"，旋转类型选择"自由旋转"，不勾选"共边"选项。

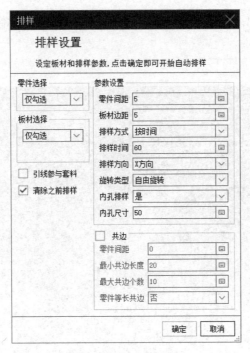

图 9.34   排样参数设置

排样参数设置完成后，单击"确定"，软件会自动进行排样，并可以查看排样预览图，如图 9.35 所示。

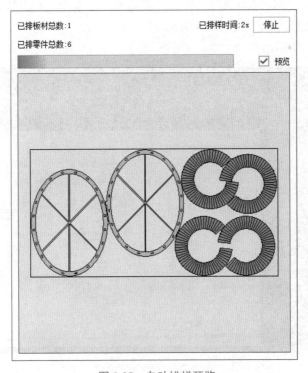

图 9.35   自动排样预览

从图 9.35 中可以看出总共用了 1 张板，排样完成后，软件会将排样结果存储到左侧排样结果栏，如图 9.36 所示。

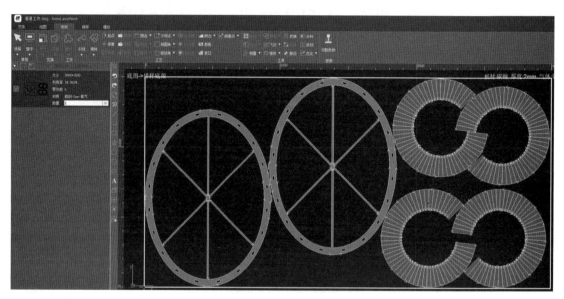

图 9.36　排样结果显示

（6）切割参数设置

打开排样结果后，选择全部图形，单击"切割参数"命令，弹出切割参数设置对话框，根据实际情况设置切割参数，如图 9.37 所示。

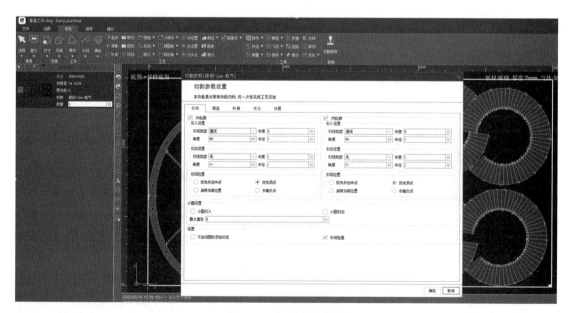

图 9.37　切割参数设置

（7）生成碎切线

从图 9.37 中可以看出，板材废料比较大，不好处理，可对其生成碎切线，将整版废料切割成小块，如图 9.38 和图 9.39 所示。

图 9.38 碎切线参数设置

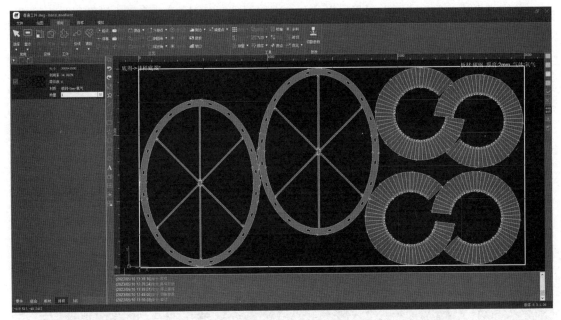

图 9.39 生成碎切线

（8）运行模拟

所以操作都完成以后，单击"模拟"菜单下的"加工路径模拟"命令，单击"启动"按钮，可对排样结果进行模拟加工，如图 9.40 所示。

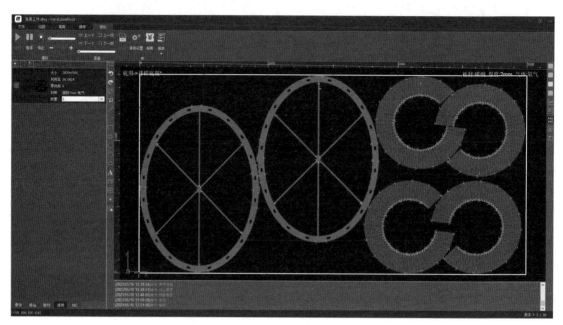

图 9.40　加工路径模拟

（9）生成加工报告

单击模拟"菜单"栏下的"报表功能"，可选择加工报表模式。选择排样结果报表模式，在导出加工报表的同时会生成加工程序，如图 9.41 和图 9.42 所示。

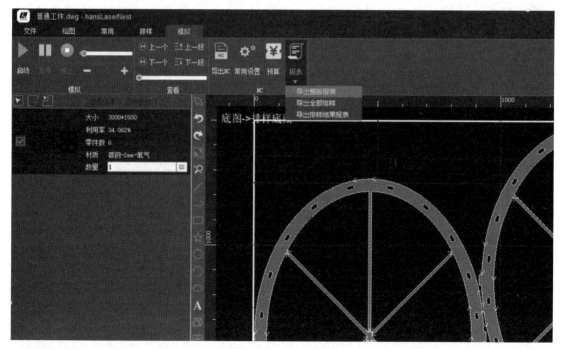

图 9.41　加工报表导出

订单名称：　　　　　　　　　　　　　　　　　　　　　　　　　**HAN'S SMC**

程序名称	9.HTC	加工数量	1		
编程人员		编程日期	2023-05-10		
操作人员		机器型号			
板材尺寸	3000*1500	材料类型	碳钢		
切割气体	氧气	板材厚度	2	材料费用	0
切割总长	81183.61	预计切割时间	00:05:05:691	切割费用	81.18
穿孔次数	315	预计穿孔时间	00:00:00:000	穿孔费用	157.5
空移总长	61486.5	预计空移时间	00:03:38:433	编程费用	
利用率	34.06%	预计总时间	00:08:44:124	总共费用	269.43

序号	缩略图	零件名称	尺寸	单个/KG	需求数	排样数	穿孔数	切割时间/个	切割长度/个	总时间	总长度
1		PPTA1260-930_1_1	1259.9*940.04	0	2	2	27	00:00:58:199	14076.15	00:01:56:398	28152.3
2		PPTA1260-930-1_12	700*697.36	0	4	4	54	00:00:39:893	11223.63	00:02:39:574	44894.52

图 9.42　报表预览

课 后 习 题

按以下要求加工如图 9.43 所示零件。

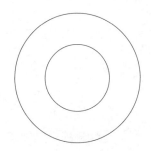 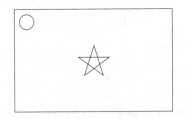

图 9.43　零件

① 新建订单并导入零件。

② 材质为不锈钢，厚度为 6 mm。

③ 圆形工件 20 个、矩形工件 50 个、梯形工件 40 个。

④ 所有轮廓分在切割一层，引线长度为 3 mm。

⑤ 内轮廓补偿值为 0.2 mm，外轮廓补偿值为 0.22 mm。

⑥ 板材大小为 2 440 mm×1 220 mm。

⑦ 零件到板材边缘的距离为 10 mm。

⑧ 零件之间的间距为 5 mm。

⑨ 生成加工程序。

⑩ 生成加工报告。

参 考 文 献

[1] 叶建斌，戴春祥. 先进制造技术与应用前沿：激光切割技术［M］. 上海：上海科学技术
出版社，2012.

[2] 龙丽嫦，高伟光. 激光切割与 LaserMaker 建模［M］. 北京：人民邮电出版社，2020.

[3] 陈鹤鸣，赵新彦，汪静丽. 激光原理及应用［M］. 4 版. 北京：电子工业出版社，2022.

[4] 王滨滨. 切割技术［M］. 北京：机械工业出版社，2019.

[5] 陈鹤鸣. 激光原理与技术［M］. 北京：电子工业出版社，2017.

[6] 陈家碧，彭润玲. 激光原理与技术［M］. 北京：电子工业出版社，2013.

[7] 周炳琨，陈倜嵘. 激光原理［M］. 北京：国防工业出版社，2009.

[8] 唐霞辉. 激光加工技术的应用现状及发展趋势[J]. 金属加工（热加工），2015（4）：16 – 19.

[9] 唐元冀. 激光切割在工业上应用的现状［J］. 激光与光电子学进展，2002（1）：53 – 56.

[10] 阎启，刘丰. 工艺参数对激光切割工艺质量的影响［J］. 应用激光，2006（3）：151 – 153.